TOMAS MALM

Den reella talsymbolens principer och hantverk

Portfölj III(c) (De reella talen och analysens grunder) av *Den första matematiken*

Didymos Matematik & Logik

Den reella talsymbolens principer och hantverk

Portfölj III(c) av *Den första matematiken*

ISBN: 978-91-984768-5-9

Tryck: BoD — Books on Demand, Norderstedt, Tyskland 2021

Mer information om Didymos Bokförlag och dess författare finns på vår webbplats:

didymos–bokforlag.com

Förord

Denna bok innehåller portfölj III(c) av den mer omfattande studien och artikelsamlingen *Den första matematiken* (DFM).[1] Den utgör en översiktlig teoretisk framställning, genomgång och analys av det reella talbegreppet, med möjlighet av teoretisk djupdykning i detta tema och de särskilda svårigheter som omgärdar de så kallade irrationella talen.

Boken kan vara intressant för studenter och lärare i matematik, men är skriven för att även kunna läsas av en allmän publik. Vilka kapitel eller delar av boken som intresserar en specifik läsare beror på vilka intressen man har och var man befinner sig i sin egen matematiska "bildningsprocess". Vissa delar av den är kanske mest relevanta för den som själv också har ett mer teoretiskt–filosofiskt intresse för matematiken. En allmän förutsättning är nog dock att man har en praktisk förtrogenhet med matematik åtminstone motsvarande ungefär inledande baskurser på gymnasienivå. Det vore inte realistiskt att försöka göra den här texten mer "self–contained" än så.

Projektet *Den första matematiken* som helhet hade som sitt övergripande syfte en omsorgsfull teoretisk redogörelse för, framställning av och påminnelse om de grundläggande begreppen och sambanden i ma-

[1]Webbsida för artikelsamlingen är:

www.didymos-bokforlag.com/den-forsta-matematiken/

Samtliga artiklar ur DFM finns att beställa som digitalt material från förlagets webbsajt.

tematiken som språk, verktygslåda och vetenskap (vilket innebär ett särskilt fokus på geometri, aritmetik och elementär algebra). Resultatet är dessa portföljer av artiklar. De utgör en del av ett visst arbete med undervisning i matematik, och denna synvinkel ger ett sätt att läsa och använda artiklarna. Men studien bör också betraktas som ett led i ett för mig vidare engagemang i filosofi, och därmed logik. Detta tillför ytterligare en dimension till texterna.

Den första artikeln har samma titel som hela denna bok — "Den reella talsymbolens principer och hantverk" — och kan sägas utgöra bokens kärna. Denna artikel — eller kanske snarare uppsats[2] — är den definitivt mest omfattande i hela studien DFM. Det fylliga kommentarsavsnittet i den innehåller framförallt historisk, logisk och filosofisk fördjupning, att läsa i mån av behov eller intresse. Artiklarna 2–5 i portfölj III(c) kan betraktas som matematisk fördjupning i förhållande till den första artikeln, som har en mer översiktlig framtoning.

Det mesta av artiklarnas innehåll utgör en genomgång av tämligen välkända samband, bevis och metoder: diagonalen och sidan i en kvadrat, motsägelsebevis för $\sqrt{2}$, klassifikation av heltalsrötter, decimalutvecklingar, allmänna räknelagar, algebraisk axiomatisering av de reella talen, de mängdteoretiska konstruktionerna, med mera. En sak som dock överlag särskilt utmärker denna framställning och undersökning är att vi inför och rör oss med ett perspektiv på de reella talen, som inte brukar göras lika explicit i de flesta läromedel i matematik (för gymnasium, högskola eller universitet).

Det här perspektivet på och approachen till beskrivningen av de reella talens kalkyl skulle kanske kunna betecknas symboliskt, symbolteoretiskt eller semiotiskt. Det handlar kort sagt om en förståelse av det

[2]Ska man följa gängse språkbruk vore det kanske mer naturligt att kalla den för en "uppsats" snarare än "artikel", givet dess omfång. Men eftersom det i processen av att arbeta med projektet DFM kom sig naturligt att den resulterade i mindre tematiska undersökningar vars textmässiga omfång sällan översteg det som lämpligen kunde kallas en artikel, kändes det vara fördelaktigare att behålla denna benämning konsekvent.

reella talet som i första hand givet som en *operativ symbol* ingående i en komplicerad väv av språk (språkspel, symbolsystem, kalkyler) och mänsklig verklighet och praxis. Dessa talsymboler är av olika arter och kategorier och har alltid *mer* eller *mindre* artikulerade regler för sin användning, varav vissa är av helt fundamental karaktär. Viktiga inspirationskällor i det här avseendet, och speciellt för arbetet med den första artikeln i samlingen, har varit Ludwig Wittgenstein och den svenske filosofen Sören Stenlund (1943–2019, verksam vid Uppsala universitet).

Så, vi har konstanter (såsom $3, \frac{1}{7}, 1.618, \sqrt{2}$ etc.) respektive variabler (såsom x, y, a, b etc.), och konstantsymbolerna kan klassificeras i rationella respektive irrationella. Vi kan, till exempel, om symbolen $\sqrt{2}$ säga saker som: "$\sqrt{2}$ är större än 1 men mindre än 2" eller "$\sqrt{2}$ är 1,414 till tre decimalers noggrannhet". Medan om till exempel x och y i rollen som reella variabelsymboler kan man inte uttala sig på det sättet, eftersom vi har att göra med variabler. Däremot kan man säga saker som: "*Antag* x är större än 10" eller "*Om* x är mindre än 0, *så* är ..." eller "*För alla* reella tal x och y gäller att $xy = yx$".

Den mest allmänna regeln för reella talsymboler kan formuleras som en princip, som vi här kallar *approximationskriteriet*: "Varje reellt tal kan entydigt approximeras med bråk — såsom decimaltal — till varje given noggrannhet $\varepsilon > 0$." Om det reella talet dessutom låter sig uttryckas exakt som ett enda bråk (med felgränsen $\varepsilon = 0$) säger vi att talet är rationellt, i annat fall irrationellt. Själva möjligheten av och dessa villkor för approximationen är alltså konstitutivt för den reella talsymbolen som sådan.

Som läsaren kan lägga märke till förekommer det en del upprepningar av samma eller likartat innehåll mellan artiklar och i enstaka fall inom en artikel. Detta har delvis att göra med det att artiklarna är skrivna för att kunna läsas var för sig som meningsfulla helheter inom den större helhet som studien DFM utgör. Och delvis har det funktionen av att förstärka effekten av genomgången och att man får syn på olika saker ur en lite annan synvinkel nästa gång man ser dem.

Artiklarna i *Den första matematiken* är skrivna med en speciell metod och layout som jag valt att kalla för *den holistiska framställningsformen (och layouten) för matematiken*, vilken jag redogör närmare för i artikeln "Allmänna ord om den holistiska framställningsformen för matematiken", förlagd som appendix A till boken. Det finns både didaktiska och filosofiska skäl till att jag valt att experimentera med denna en smula annorlunda form.

Lägg märke till att det finns två olika typer av sidnumreringar i boken: Den ena numreringen är *lokal* och bara relevant för specifik artikel/kapitel i sig, medan den andra är *global* och gäller boken som helhet. Lokal numrering visas nedtill på varje sida av en artikel, den globala numreringen upptill. Den övergripande innehållsförteckningen (på nästa sida) visar "global position" för vardera artikel.

Innehåll

Den reella talsymbolens principer och hantverk

Artikel 1

Innehåll

Abstract

I den absoluta lejonparten av studier, forskning och tillämpning i eller av matematik kan ett tal vara icke–rationellt av två olika anledningar: Den ena möjligheten är att det är ett reellt tal som är *irrationellt*, som man säger. Exempel på irrationella tal är $\sqrt{2}$ och π. Den andra möjligheten är att det är ett *komplext tal*, på vilket exempel är talet $3 + 4i$.

De reella talen kan definitivt upplevas som någonting mer problematiskt, undflyende och oklart jämfört med dem som samlas under termen rationellt tal. Detta är inte alls någon ovanlig upplevelse för den som studerar matematik, även på högskolenivå. Att det reella talbegreppet kan upplevas som mer förvirrande tror jag kan bero på olika saker. En kan vara att man gör olika förväxlingar mellan reellt tal, decimaltal och decimalutveckling — detta är tre skilda saker. Men det mest påtagligt förvirrande momentet är nog förekomsten av dessa så kallade irrationella tal. Här finns frågor som kan vara i behov av att benas ut, frågor av ett slag som inte bara "filosofer" kan behöva brottas med i sina matematikstudier.

Syftet med det här dokumentet är dels att påminna om och sammanställa de mest grundläggande begrepp, regler och allmänna principer man behöver i det praktiska arbetet med matematikens reella tal. Det är de begrepp och regler som kommer till användning i studier och tillämpningar av de fyra räknesätten, rötter och andra aritmetiska operationer med reella tal, i matematisk analys, med mera — alltså i majoriteten av kurser i matematik, ekonomi, naturvetenskap, teknologi, statistik och så vidare. Och dels är syftet förstås att efter bästa förmåga i någon mån reda ut begreppen och nå större klarhet.

Vad som litegrann skiljer den här framställningen från den man finner i de flesta läroböcker för gymnasium och universitet/högskola är dels (a) den mer utförligt reflekterande behandlingen av begreppen och sambanden, och dels (b) en lite annan approach till beskrivningen av de reella talens kalkyl, som explicit tar fäste på det reella talet som en viss typ av *operativ symbol* ingående i en matematisk praktik intimt sammanflätad med tillämpningarna i samhälle, teknik och naturvetenskap.

På grund av det här talbegreppets relativa komplexitet är den här artikeln avsevärt tjockare än de flesta artiklar som ingår i studien *Den första matematiken.*

1 Kärninnehåll

1.1 Särarten hos olika slags frågor

Det finns olika sorters frågor rörande talen eller andra matematiska begrepp och företeelser. En del av dessa frågor har inte något helt okontroversiellt svar. Vissa frågeställningar, eller punkter av upplevd oklarhet, leder över till filosofin (matematikfilosofin). Exempel på sådana mer kontroversiella frågeställningar med tentakler till filosofin är:

> Vad är ett irrationellt tal — egentligen?
>
> Hur vet man att den och den kvadratroten (decimalsummeföljden, gränsvärdet, etc) alls *existerar*?
>
> Vad är egentligen definitionen av ett reellt tal?
>
> Vad är en verkligt logiskt *stringent*, rigorös, framställning av de reella talens kalkyl och matematisk analys?
>
> Vilken logisk status har egentligen de mängdteoretiska konstruktionerna av de reella talen?
>
> Vilken status har formell logik, mängdlära och överhuvudtaget axiomatiskt tänkande i relation till matematiken som helhet?

Det råder inte någon självklar enighet beträffande *precis alla* frågor om matematiken — inte ens bland matematiker. En del matematiker (eller filosofer) har sina svar på frågorna, men samtidigt finns det andra matematiker (filosofer) som inte vore beredda att hålla med, och ytterligare dem som inte känner sig så säkra. Där den ene känner sig tillfredsställd med ett svar, är det inte garanterat att den andre också gör det.

Är denna omständighet något att förvånas över? — Jag skulle nog svara att det inte alls är något att häpna över, bara därför att vi har att göra med matematik. Så där är det ju med de allra flesta teoretiska verksamheter (liksom med existentiella och religiösa frågor); matematiken eller matematikvetenskapen är inkluderad. Det är om man klänger fast vid en viss *bild av* och håller sig med vissa *förväntningar på* hur den matematiska eller mänskliga verkligheten *borde* vara, som det här blir till något problem.

— Däremot råder inte någon *större* oenighet om hur man ska handskas med till exempel de reella talen *i praktiken*, närmare bestämt såsom verktyg inom olika arbetsområden, genom tillämpningarna inom ämnen såsom ekonomi, datateknologi, fysik, kemi eller biologi, och även inom lejonparten av den rent matematiska forskningen. Det är verkligen en otvivelaktig, definitiv, karakteristisk sanning om ämnet:

I praktiken råder en oerhört hög och (jämfört med övriga ämnen) påfallande grad av konsensus beträffande matematiken och dess tillämpning, kring frågor ställda såväl inom ämnet som omkring det.

Det vi ska göra i den översiktliga framställning som ges här i textens kärninnehåll är därför egentligen bara att på ett tydligt och precist sätt påminna om och formulera *de praktiska regler för opererandet* med reella tal som gäller inom såväl matematiken — som den normalt lärs ut och utövas på gymnasium, universitet och teknisk högskola — som inom naturvetenskaplig forskning, ingenjörskonst, samhälle och ekonomi. Vi ska alltså fastslå *gällande praxis*. Detta är det *säkerhetsbälte* man behöver i arbetet med att lära sig och använda matematik, och kanske till och med utveckla ny matematik.

Det handlar alltså inte om att matematiken på något sätt skulle befinna sig i gungning, i någon allvarlig ”grundvalskris”, bara därför att vi konstaterar att det vid sidan om den påfallande graden av praktisk konsensus, existerar frågeställningar där det inte förhåller sig på det sättet. Ett annat enkelt exempel: det råder fullständig konsensus beträffande frågan ”Vad är summan av 5 och 7?” eller ”Om jag har fem äpplen i en låda och sju i en annan, hur många har jag totalt?”; men knappast någon konsensus vad gäller frågan ”Vilken logisk/ontologisk status har satsen ’$5 + 7 = 12$’ i förhållande till den naturliga verkligheten? Är det en sorts absolut sanning inristad som det vore på eteriska stenar i evigheten, eller är det mer någonting analogt med en mänsklig överenskommelse beträffande hur vi ska räkna? Är det ett axiom, en definition, ett teorem? —"

Det finns åtskilliga (mer eller mindre) precisa saker man kan säga om 'de reella talen', som alla matematiskt kompetenta personer skulle vara överens om, utan att därmed förutsätta något sådant som en standardiserad definition, som skulle vara analog med definitionen av exempelvis ett primtal. Eller att förutsätta konsensus rörande alla möjliga frågor rörande de reella talen. Ibland visar det sig också värdefullt för förståelsen att anknyta den undervisande framställningen till en liten smula begreppshistoria.

Vidare matematikfilosofiska, logisk–begreppsliga frågeställningar som kan uppstå (hos vissa studenter) har jag förlagt till kommentarerna, andra författares texter och naturligtvis läsarens egen vidare tanke och reflektion. Här finns frågor som knappast kan avhandlas fullständigt i ett dokument av den här ringa omfattningen, och det jag skriver i de filosofiska kommentarerna är blott några få egna reflektioner.

I kärninnehållet av artikeln, liksom i de logisk–filosofiska kommentarerna, antyder eller föreslår jag alltså ett sätt att närma sig frågor om de reella talen (och deras natur och existens), som är en liten smula "oortodox". Åtminstone jämfört med de approacher till de reella talen man finner i de flesta grundläggande eller högre läroböcker i matematisk analys. Dessa frågor kan vara studentens praktiska behov i studierna, lärarens didaktisk–pedagogiska frågor eller mer logisk–filosofiska frågor. Man kan också välja att läsa delar av framställningen som något med karaktären av en fundering, en frågeställning till tänkande läsare, snarare än direkta påståenden.

Den beskrivning som ges har dock naturligtvis viktiga beröringspunkter med den typiska algebraiska beskrivningen av $\mathbb{R}$ (som en fullständigt ordnad kropp) och de ansatser som går under rubriken "mängdteoretisk konstruktion" av de reella talen, varav de två mest frekventa är Dedekinds snittmetod respektive Cantors cauchyföljdsmetod. Grundritningen för dessa går vi igenom i den historiska delen samt artikeln ”Typisk algebraisk axiomatisering av $\mathbb{R}$ och de mängdteoretiska konstruktionerna”. Detaljerna överlåter jag till läsaren att fördjupa sig i på egen hand i mån av tid och intresse eller studiebehov.

Den väsentliga skillnaden här är att vi inte betonar att ’konstruktionen’ eller beskrivningen formuleras med stöd av den terminologi och notation som hör till mängdläran. Istället kommer vi att röra oss med och inom följande vokabulär:

> symbol (talsymbol, kvantitet, kvantitativ symbol), approximation, närmevärde, felgräns, noggrannhet, regler, villkor

med mera. Det finns olika anledningar till att jag vill att vi prövar den här rutten, istället för att direkt dra in mängdlära och den typiska axiomatiseringen av $\mathbb{R}$ — utan att för den delen avvisa dessa eller vilja uttrycka någon ringaktning för mängdlära. Den viktigaste anledningen är att jag tror man kan uppleva vår beskrivning eller framställning som på vissa sätt mer klargörande, didaktiskt sett men också principiellt, filosofiskt.

Man skulle kunna kalla vår approach för **symbolisk**, **semiotisk**, **symbolteoretisk** eller **symbolisk–axiomatisk** — eller något åt det hållet. Jag lämnar det öppet.

1.1.1 Beskrivning och teoretisk analys av de reella talen

Det finns många ganska bra anledningar att dela in den fördjupade teoretiska matematiska analysen och reflektionen över våra grundläggande moderna talbegrepp i väsentligen tre huvudmoment:

(i) De rationella taltyperna, med fokus på de fyra räknesätten och elementär algebra.

(ii) De irrationella och reella talen, med fokus på algebrans fortsättning med rötter och utvidgningen av aritmetiska operationer till reella tal (vilket bildar upptakten till studiet av reellvärd analys i en variabel).

(iii) De komplexa talen (och eventuellt ytterligare matematiska konstruktioner, såsom kvaternionerna).

Vår matematiska begreppsbildning är sådan att denna uppdelning är, eller kan vara, mycket klargörande.

Det handlar inte om att vi ska försöka vara ”mer katoliker än påven” i analysen och återuppförandet av de rationella talen och deras aritmetik och elementär algebra, liksom vissla och låtsas som om de irrationella talen inte alls existerade; men de illustrationer, resonemang och algebraiska härledningar som är möjliga för de rationella taltyperna, gör att det finns många teoretiska såväl som didaktiska poänger med att göra en separat behandling av grundläggande aritmetik som ställer in siktet specifikt på de rationella taltyperna. Det är lättare att få en upplevelse av ordning, enkelhet och överblick i samband med en separat teoretisk framställning av de hela talen och bråkens grundläggande regler och begrepp.

Detaljerna i den sortens teoretiska behandling av grunderna i aritmetik och algebra utgör avsikten med portfölj III(a)–(b) av DFM. Här, i denna och resten av artiklarna ur portfölj III(c), förutsätter vi dock praktisk och teoretisk kunskap om de rationella taltyperna (speciellt heltal, bråk och decimaltal), de fyra räknesätten och väldigt elementär algebra som given utgångspunkt, som ’etablerad’ om man så vill.

Som utgångspunkt för artikeln tar vi alltså vad man med en samlande term kunde beteckna *rationell aritmetik*. Termen *reell aritmetik* syftar då på att vi från rationell aritmetik går över till att undersöka hur olika aritmetiska operationer ska tolkas för det vidare reella talbegreppet: hur beräknar man till exempel en summa eller produkt med irrationella talsymboler i sig?

1.2 De reella talen: rationella och irrationella

1.2.1 Newtons beskrivning av det reella talet som bestämning av kvantitet och det abstraherade storleksförhållandet

Under tiden för den naturvetenskapliga revolutionen ger Newton i sin skrift *Universal Arithmetick* en beskrivning av engelskans *number*, vars allmänna idé eller konception här motsvarar den samtida matematikens term 'reellt tal', på följande sätt:

> Artikel I. Med ett tal förstår vi, inte så mycket en given mångfald av enheter, utan snarare *det abstraherade storleksförhållandet* [eng. orig. *the abstracted ratio*] mellan en viss storhet och en annan bestämd storhet hörande till samma *sort* [kategori, dimension], där vi låter den senare fungera som vår *enhet.* Och dessa tal är av *tre typer*; heltal, bråk respektive irrationellt: Ett heltal är *det som mäter* en storhet av ett helt antal enheter, ett bråk det som mäter ett visst antal andelar av enheten, och ett irrationellt tal det som mäter något i jämförelse med vilket enheten är inkommensurabel.[1]

Dessa rader av Newton är en kärnfull sammanfattning av den klassiska europeiska matematikens konception om (de reella) talen, som samlar dess fyra väsentliga komponenter: (a) talet som abstraherat storleksförhållande och talet som måttet snarare än det konkret uppmätta;

[1]Isaac Newton, *Universal Arithmetick*, kap. 1 ("Notation"), artikel I. Min översättning från den engelska utgåvan från 1768. Jag har gjort om originaltexten med eget val av kursiveringar, i syfte att lyfta fram den newtonska konceptionens komponenter: abstraherat storleksförhållande, kategori/dimension, enhet, tre typer av tal och talet som det som mäter snarare än det mätta.

Det engelska originalet lyder:

> Article I. *By* Number *we understand,* not so much a Multitude of Unities, *as the abstracted Ratio of any Quantity, to another Quantity of the same Kind, which we take for Unity. And this is threefold; integer, fraction, and surd: An* Integer, *is what is measured by Unity, a* Fraction, *that which a submultiple Part of Unity measures, and a* Surd, *to which unity is incommensurable.*

I det engelska originalet heter alltså irrationellt tal "surd".

(b) varje mätbar storhet har en specifik sort/kategori/dimension; (c) val av enhet för mätningen/räkningen och (d) tre grundläggande typer av tal som sätt att jämföra med enheten. (Vi kommer till begreppet inkommensurabilitet några avsnitt längre fram i dokumentet.)

Newtons beskrivning anknyter till och har alltså starka beröringspunkter med den moderna naturvetenskapens begrepp *storhet* — motsvarande det engelska *physical quantity* —, vilket är något som (föreställer man sig åtminstone) låter sig mätas, varvid man uppger *mätetal* och *enhet.* Exempel på fysikaliska storheter är längd, tid, massa, temperatur och energi. Inom ekonomin hittar vi storheter som valuta, inflation, konsumentprisindex, med mera. Och, givetvis, inom geometrin hittar vi rent *geometriska* storheter vid jämförelse av vinklar, sträckor, ytor, kroppar, med mera, en jämförelse som äger rum inom det matematiska språket och tänkandet. Geometrins 'storheter' är *abstrakta–symboliska* storheter, de har alltså en annan innebörd än den fysikaliska.

Låt oss kalla den här klassiska konceptionen om de reella talen för **den newtonsk–cartesianska konceptionen** om (det reella) talet.[2] Många av oss skulle benämna den här konceptionen som 'den intuitiva idéen' bakom begreppsbildningen reellt tal. Den ger både grundritningen för tallinjen och koordinatsystemet och är väsentlig att ha god känsla för i all matematisk problemlösning och modellering i hantverk, teknik, vetenskap och ekonomi. Den är nödvändig för att förstå hur matematiken ska *tillämpas*, hur den ska användas i praktiken.

Låt oss för tydlighetens skull analysera Newtons beskrivning i ett antal punkter:

1. Det klassiska sättet att uppfatta det reella talet är som själva *det abstraherade storleksförhållande* som det är möjligt för en storhet och en annan storhet som tillhör samma kategori att stå i till varandra, till exempel två

[2] Ordet "cartesiansk" ska här framförallt väcka associationen till den vanliga tallinjen och cartesiska koordinatsystem, välbekant från grundläggande matematikundervisning; vilken allmän konception personen René Descartes skulle ha haft om talen är en annan fråga, som hamnar utanför syftet med den här genomgången.

längder, två areor, två vikter, två tidsintervall.

2. Vi kan föreställa oss att en storhet av en given kategori fixeras och får fungera som *enheten*, svarande mot talet 1, alltså 'en hel'.

3. Ett tal kan då vara av tre arter, menar Newton: heltal, bråk eller irrationellt.

4. *Heltalen* svarar mot en mångfald hela enheter.

5. *Bråken* svarar mot en mångfald delar av en hel enhet.

6. *Irrationella tal* svarar mot de storheter som är inkommensurabla med enheten (men som fortfarande är av samma kategori).

Som vi ser följer förstås den vanliga tallinjens konstruktion Newtons rekommendationer. Vid sidan om *åskådliga* storheter av typen längd, area, volym, vinkel — vare sig det är geometrins rent symboliska eller det fysiska rummets fysikaliska motsvarigheter — kan kategorin av storheter vara exempelvis ett tidsintervall eller massan hos något visst objekt. Den kategori en storhet tillhör kallas i modern teknik och naturvetenskap för dess *dimension*. Tag som exempel kategorin/dimensionen [massa]. Då är kilogramprototypen i Paris ett exempel på fixering av enheten 1. Varje annan vikt, om vi följer Newtons tankespår, är en storhet som ligger inom samma kategori som kilogramprototypen och låter sig därmed jämföras med denna. Det är verkligen så man resonerar i klassisk fysik. Genom mätning av en viss vikt på en våg (kalibrerad för kilogram) erhålles måttet på viktens storlek som ett mätetal i enheten kilogram, såsom "$m = 4{,}5$ kg".

Matematikens vidaste talbegrepp för bestämning av *kvantitet* heter alltså de reella talen. Sedan Aristoteles skiljer man mellan:

> *kontinuerlig kvantitet*: kvantitet i betydelsen storleken eller magnituden av något som kan tänkas variera över en kontinuerlig skala, till exempel mängden vatten i en regntunna mätt i enheten liter;
>
> *diskret kvantitet*: kvantitet i betydelsen antalet av något, till exempel antalet tänder i munnen.

Inom matematiken och vetenskapen tänker man normalt som så att svaret på en fråga av dessa och liknande slag är eller kan representeras, modelleras av något reellt tal:

A: "Hur många stolar får plats i det rummet? Vi behöver åtminstone få in 20 pers." — B: "Det får plats minst 35 stolar, inga problem."

A: "Hur många deciliter vatten behövs till bröddegen?" — B: "2,5 deciliter"

A: "Hur många kilometer är det från Stockholm till Uppsala?" — B: "Cirka 71 km via E4:an"

A: "Hur högt är trädet jämfört med björnen som står bredvid det?" — B: "Om jag mäter med linjal får jag att trädet är 7,3 gånger så högt som björnen."

A: "Hur stor är diagonalen i en kvadrat jämfört med sidan?" — B: "Diagonalen är kvadratroten ur två gånger större än sidan"

A: "Hur stor är omkretsen av en cirkel jämfört med diametern?" — B: "Pi gånger större"

A: "Hur många kilogram väger blyklumpen?" — B: "4,53 kg enligt vågen"

"Vad är temperaturen inne i kylskåpet fem minuter efter att det blivit påslaget?"

"Hur många varv rör sig Jorden kring sin egen axel på ett år?"

"Hur lång tid tar det för ljuset att färdas från Solen till Jordens yta (mätt med en klocka på jorden)?"

... ...

Denna tankegång utgör *en vägledande princip för matematisk modellering* av naturliga (fysikaliska) situationer och förlopp. Situationen och dess förlopp kan vara temperaturens variation över tid vid påslagning/avstängning av ett kylskåp eller höjden hos ett föremål som faller mot jordytan. Där låter man typiskt temperaturen representeras av någon reell variabel T och höjden av en reell variabel h eller kanske y. Men samma vägledande princip gäller även modellering av samhälleliga, ekonomiska och andra sorters förlopp.

Den newtonsk–cartesianska konceptionen om ett reellt tal kan sammanfattas såhär: *Det reella talet uppfattas här som det abstraherade storleksförhållande, med hjälp av vilket förhållandet mellan två giv-*

na storheter hörande till samma kategori (dimension) låter sig anges, uttryckas, mätas. Talet är alltså 'måttet' och inte 'det mätta'.

Det vill säga, det avser själva förhållandet tänkt *in abstracto* utan hänsyn till någon specifik enhet. Om en stav är 4,5 meter lång, så är storleksförhållandet mellan staven och en meterlinjal 4,5:1. Samma storleksförhållande 4,5:1 skulle dock kunna råda mellan en viss vikt och kilogramprototypen, i vilket fall vikten skulle ha massan 4,5 kg. Det reella talet 4,5 i sig självt är här egentligen *en symbol som i sin roll och funktion abstraherar från specifika omständigheter*, från specifika geometriska, fysikaliska eller ekonomiska storheter, enheter eller kategorier av storheter.

Denna allmänna idé om det reella talets roll i vetenskaperna och olika tekniska och praktiska tillämpningar är precis lika viktig idag, i början av 2000–talets studier och forskning i matematik och vetenskap, som på Newtons tid. Det gäller universitet och högskola likaväl som för undervisningen i grundskola och gymnasium.

De negativa reella talen hos Newton

Noga räknat är vad Newton beskriver som ett tal, *number*, vad vi i modern matematik skulle kalla *de icke–negativa* reella talen; alla tal 'till höger' på tallinjen inklusive noll. Han tycks inte betrakta våra 'negativa tal' som en speciell typ av tal, eftersom ett *number* utgör måttet på storleksförhållandet mellan tänkbara storheter av samma kategori. Negativa tal införs och betraktas snarare som en speciell aritmetisk–algebraisk *teknisk anordning*, ett visst sätt att göra bruk av tal. Ett *number* är för Newton intimt förknippat med specifikt *storlek*, i originalets engelska *magnitude*, och storleksjämförelse, *ratio*. 'Negativa tal' benämns hos Newton (kap. 1, art. IV) *negative quantities*, och är en talsymbol försedd med *negativt förtecken*, medan samma talsymbol försedd med positivt förtecken kallas för en *affirmative quantity.*[3]

Newton fortsätter i bokens övergripande och inledande kapitel:

> *I vetenskaperna är det inte endast storlek* [eng. *magnitude*] *som tas under betraktande: utan det finns många egenskaper hos och operationer på storheter av olika slag, som man måste ta hänsyn till.* När man bestämmer storleksförhållandet mellan storheter är det förstås endast deras storlek som räknas: men egenskaperna hos geometriska figurer beror på såväl inbördes läge mellan de linjer som avgränsar dem såväl som på storleken. Vid behandling av rörelse måste man beakta rörelsens riktning, såväl som dess hastighet och de krafter vilka får rörelsen av tillta eller avta. I optiken är bildernas position, ljusstyrka och skärpa av ingen mindre betydelse än deras storlek. — Och liknande saker kan sägas om alla övriga vetenskaper. *Det är således helt nödvändigt att många andra symboler* [tecken] *tillåts in i algebran, utöver de bokstäver* [variabler] *och tecken för tal* [konstanter] *vilka specifikt representerar storheternas själva magnitud* [storlek, absolutbelopp].[4]

Till dessa ytterligare symboler och beteckningssätt hör: *hjälptecken* såsom parenteser, *signum, förtecken* +/−, skrivsätt för *de fyra räknesätten, potenser, rötter*, med mera. Det ovan citerade gäller speciellt införandet av signum och negativa tal för att smidigt kunna uttrycka sådant som skuld på kontot, rörelse i motsatt riktning, temperatur under strecket, läge på en geometrisk linje givet en bestämd punkt, och så vidare.

---

[3]Exempel på Newtons sätt att skriva och uttrycka sig finner vi i bokens andra kapitel, "Of Addition":

> XXIII. *Negative Quantities are added after the same way as Affirmative.* Thus −2 and −3 make −5; $-\frac{4ax}{b}$ and $-\frac{11ax}{b}$ make $-\frac{15ax}{b}$; $-a\sqrt{ax}$ and $-b\sqrt{ax}$ make $\overline{-a-b}\sqrt{ax}$.

Överstrecket $\overline{-\ -\ -\!-}$ är vad Newton använder istället för parenteser som algebraiska hjälptecken; i modern matematik skriver vi det sista uttrycket som $(-a-b)\sqrt{ax}$ eller $((-a)+(-b))\sqrt{ax} = -(a+b)\sqrt{ax}$.

[4]Isaac Newton, *Universal Arithmetick*, kap. 1 ("Notation"), fotnot till §IV. Förf. övers. Kursiveringarna tillhör originaltexten.

1.2.2 Tallinjen som representation av de reella talen. Samband med geometrin och koordinatsystem

Den beskrivning vi just gjort av reella tal träffar något mycket viktigt om hur man faktiskt lär sig att handskas med talen och de fyra räknesätten, om man studerar matematik eller ämnen som fysik, kemi, biologi och ekonomi.

I några samtida uppslagsverk av typen encyklopedi läser man följande beskrivningar[5] av 'de reella talen', i jämförelse med, och delvis i kontrast till, Newtons (eftersom han inte talar i termer av någon "tallinje"):

> "Reellt tal, tal som kan åskådliggöras som punkter på en tallinje." — Nationalencyklopedien
>
> "De reella talen är de tal som man vanligtvis menar med tal. De kan beskrivas som alla punkter på en kontinuerlig linje, utan att det finns glapp mellan talen i linjen." — Wikipedia (svenska)
>
> "In mathematics, a real number is a value that represents a quantity along a continuous line." — Wikipedia (engelska)

Det här sättet att beskriva de reella talen bygger alltså på **tallinjen** som visuell, bildmässig, geometrisk form för representationen av de reella talen. Den torde kännas bekant från läsarens egen erfarenhet av att studera matematik.

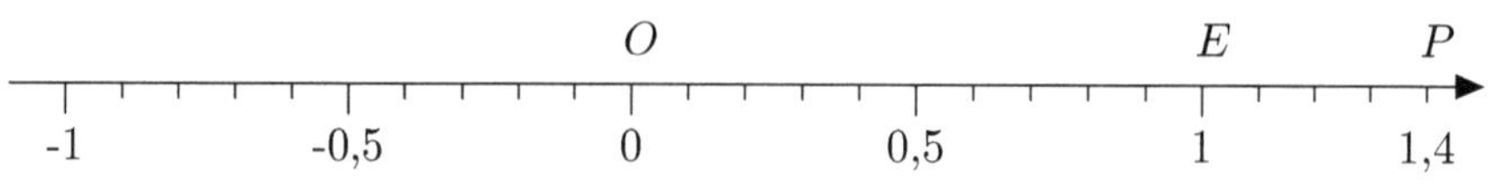

Figur 1: Tallinjen eller "tallinjalen". Punkten O kallas origo och sträckan OE är enheten, motsvarande talet 1. Punkter på tallinjen till höger om origo motsvarar positiva reella tal och punkter till vänster negativa reella tal. Sträckan OP motsvarar talet 1,4 eftersom OP är 1,4 i jämförelse med OE. Storleksförhållandet mellan OP och OE är 1,4 (= 14 10–delar).

[5] Från 16 september 2015.

I figur 1 visas en tallinje: idéen är att en given sträcka/punkt på tallinjen motsvarar det reella tal som 'mäter' storleksförhållande och placering i förhållande till origo jämfört med en på tallinjen fixerad 'längdenhet'. Denna idé är som vi ser helt i linje med Newtons beskrivning av *number*. Den här bilden som tallinjen erbjuder är också väldigt användbar — eller nödvändig — i samband med problemlösning och modellering. Inte minst är den ett värdefullt verktyg i matematikundervisning. Tallinjer fungerar som axlar för koordinatsystem, i analytisk geometri exempelvis.

En anledning till att tallinjen fungerar utmärkt som tankeverktyg för handskandet med reella tal är att heltalen och bråken, det vill säga alla rationella tal, låter sig representeras på tallinjen på ett sätt som för det mesta är begripligt och överskådligt för nybörjaren i matematik. Man talar också om den typ av bråkdiagram som utgörs av en tallinje endast innehållande alla rationella tal, positiva och negativa, som *den rationella tallinjen.*

Själva principskissen för tallinjens konstruktion överhuvudtaget ser ut såhär:

1. En punkt O på tallinjen motsvarar talet 0 och kallas för *origo.*
2. En sträcka OE fixeras och får fungera som *enhet* på tallinjen. Sträckan OE motsvarar alltså talet 1.
3. En given sträcka OP motsvarar nu ett tal som anger *storleksförhållandet (proportionen)* mellan sträckan OP och enheten OE. (I modern euklidisk geometri tänker man dessutom som så att detta reella tal är *längden* av sträckan OP.)
4. Tillägget är att det tal som OP motsvarar också får ett tecken $+/-$ beroende på vilken sida om origo punkten P ligger. Riktningen från origo till punkten E motsvarar *positiva* tal och motsatt riktning från origo *negativa* tal.

Där är konstruktionen färdig.

Som vi ser av figuren är grundritningen för tallinjen helt enkelt en vanlig *graderad linjal* av trä, metall, plast, med mera. Istället för tal-

Figur 2: En vanlig fysisk linjal av plast.

linjen skulle man också kunna säga **tallinjalen**. Detta är inte gängse språkbruk, men jag tycker det är ett bra ord: läsaren har säkert haft erfarenhet av att jobba med *fysiska* linjaler, men inte med en "oändligt lång rät linje utan bredd". I likhet med en fysisk linjal kan man tänka på tallinjalen som en *matematisk* linjal, som i tanken kan förlängas precis hur långt man vill. Egentligen spelar det ingen roll vilken av de två bilderna man använder, så länge de används på samma sätt och är till hjälp för en i arbetet med matematiken.

Det kan vara värt att understryka att ett reellt tal (naturligtvis) inte är samma sak som en sträcka eller punkt på en tallinje, men att tallinjen utgör en *representation* av ett talbegrepp. En given sträcka på tallinjen *motsvarar, representerar* det reella tal som så att säga uttrycker just det abstraherade storleksförhållande som sträckan står i i förhållande till enhetssträckan.

I modern euklidisk geometri, elementär geometri som den lärs ut och utövas idag, tänker man sig också att *varje geometrisk sträcka jämförd med en bestämd enhetssträcka (på samma linje) motsvaras av ett och endast ett reellt tal*, vilket är utgångspunkten för koordinatsystemet som analytisk metod. I moderniserade *axiomatiska framställningar (re-konstruktioner)* av olika portioner av geometrin formuleras denna regel inte sällan explicit som ett av axiomen/grundpostulaten.

1.2.3 Rationella tal och decimaltal

Med risk för att verka en smula tjatig, några påminnelser: Ett tal q säges vara **rationellt** om och endast om *talet på något sätt låter sig uttryckas exakt som ett enda bråk a b–delar*. Man säger också: om det låter sig *skrivas som* ett bråk. I så fall kan vi använda likhetstecknet och notera

$$q = \frac{a}{b}$$

Bråk är det som alltid och utan undantag kommer till användning i samband med *faktisk (empirisk) mätning* av storheter i hantverk, teknik, naturvetenskap, med mera.

Exempel 1. Här är fyra exempel på rationella tal:

$$7 \qquad \frac{8}{5} \qquad 1{,}618 \qquad -2/3$$

Heltalet 7 är rationellt, eftersom det kan identifieras med bråket 'sju hela', eller 7 1–delar. Åtta femtedelar är ju ett bråk, och därför rationellt. Decimaltalet 1,618 kan också skrivas som bråket 1618 1000–delar. Negativt 2 3–delar kan till exempel skrivas som bråket $\frac{-2}{3}$.
□

Det kan vara bra att formulera definitionen av rationellt tal i formen av en matematisk sats:

[1] *Ett tal är rationellt om och endast om det kan uttryckas exakt som ett enda bråk.*

Vidare, om två bråk a/b och c/d utgör en förlängning/förkortning av varandra så säger vi att de har **samma värde** och att de **representerar**, utgör **representanter** för exakt samma rationella tal q. Som rationella tal betraktade är bråk som kan förlängas/förkortas till varandra **Q–identiska** eller **Q–ekvivalenta**, och det är därför man tillåter att bråken då *identifieras under likhetstecknet* '='.

Exempel 2. 2 6–delar är en förlängning av 1 3–delar med en faktor

$n = 2$:

$$\frac{1}{3} = \frac{2 \cdot 1}{2 \cdot 3} = \frac{2}{6}$$

Bråket $3/9$ är på samma sätt en förlängning av $1/3$ med en faktor $n = 3$, och så vidare:

$$\frac{1}{3} = \frac{2}{6} = \frac{3}{9} = \dots$$

Bråket $(-3)/(-9)$ är en förlängning av $1/3$ med faktorn $n = -3$. Alltså får vi även skriva:

$$\frac{1}{3} = \frac{-3 \cdot 1}{-3 \cdot 3} = \frac{-3}{-9}$$

□

Möjligheten att förlänga/förkorta bråken till varandra utgör **det första identitetskriteriet** för rationella tal:

[2] *Två bråk representerar samma rationella tal, och får identifieras under likhetstecknet ($a/b = c/d$), om och endast om de är Q–ekvivalenta, det vill säga när det ena kan erhållas som en förlängning av det andra.*

En förklaring till att vi accepterar detta som ett identitetskriterium är att för positiva bråk och positiv faktor n så *uttrycker det förlängda bråket precis lika mycket, en lika stor mängd av en och samma delbara helhet (enhet).* Detta eftersom en förökning av antalet delar av enheten i nämnaren med faktorn n direkt kompenseras av en förökning av antalet delar i täljaren med exakt samma faktor n. Så, till exempel: 1 3–del är matematiskt sett precis lika mycket som 2 6–delar av en pannkaka, meter, krona, joule eller något.

Exempel 1 är även en påminnelse om att varje **decimaltal** i själva verket är en speciell typ av bråk: det är ett bråk som kan uttryckas som summan av ett heltal och si och så många tiondelar, hundradelar, och så vidare. Ett annat och äldre ord för decimaltal är av denna anledning *decimalbråk* eller *decimal fraction.* Däremot gäller givetvis inte det omvända: inte varje rationellt tal är ett decimaltal.

Exempel 3. Tag som exempel bråket 1/3. En tredjedel kan approximeras med decimaltal men inte uttryckas exakt som ett enda decimaltal. Det gäller exempelvis att

$$\frac{1}{3} \approx 0{,}3333333$$

men 1/3 är inte *matematiskt exakt* lika med 0,3333333. Multiplicerar vi högerledet med 3 får vi 0,9999999, ett tal strängt talat mindre än 1, vilket visar att VL är strikt större (>) än HL. □

Låt oss understryka dessa två viktiga faktum genom att sätta dem på display som en matematisk sats:

[3] *Varje decimaltal (decimalbråk) är ett rationellt tal; det kan uttryckas exakt som ett enda bråk. Däremot är inte varje rationellt tal ett decimaltal.*

Det finns gott om bråk som inte kan uttryckas exakt som ett enda decimaltal. Med mängdlärans språk skulle vi säga att decimaltalen utgör en *äkta delmängd* av de rationella talen.

1.2.4 Irrationella tal och inkommensurabla storheter

Hur kommer det sig då att man i matematiken har upplevt ett behov (eller sett sig tvingad) att införa ytterligare ett talområde 'de reella talen', som också i någon mening motsvaras av tallinjen, men som ändå är mer omfattande än de rationella talen?

— Matematiker i det antika Grekland (pythagoréerna) trodde faktiskt under en period att precis alla kvantiteter, eller storleksförhållanden mellan storheter, i princip var möjliga att uttrycka exakt som förhållanden mellan heltal, som bråk med andra ord. Det kom som en mycket stor överraskning (som en skandal till och med) när man gjorde den upptäckten att diagonalen och sidan i en geometrisk kvadrat inte kan uttryckas exakt som ett enda bråk — åtminstone i en *matematisk* (inte praktisk–empirisk) mening av orden 'exakt' och 'upptäckt'.

Ett annat och belysande sätt att beskriva det här epokgörande momentet i matematikens, vetenskapens och filosofins idéhistoria vore kanske följande:

Matematikerna i det antika Grekland gjorde någon gång den upptäckten, att förhållandet mellan vissa geometriska storheter (såsom diagonalen och sidan i en kvadrat och det gyllene snittet) inte låter sig analyseras på ett ändligt sätt i formen av ett enda bråk.

Däremot har det (såvitt jag vet) aldrig varit någon matematiker som har påstått att förhållandet inte låter sig approximeras med bråk, och det utan någon *given* gräns för finheten i närmevärde. Det man verkligen kan göra i matematiken är alltså att *approximera* storleksförhållandet mellan diagonalen och sidan med *närmevärden*, i princip hur nära som helst, men aldrig så att *felet* i närmevärde blir *exakt* lika med noll.

Kalla storleksförhållandet mellan diagonalen d och sidan s för F (se figur 3). Här är några exempel på approximationer av, närmevärden till F genom en successivt finare följd av decimaltal:

$$
\begin{aligned}
F &\approx 1{,}4 \quad (= 14/10 = 7/5) \\
F &\approx 1{,}41 \\
F &\approx 1{,}414 \\
F &\approx 1{,}4142
\end{aligned}
$$

Och så vidare. Vi ser att storleksförhållandet F är ungefär $7 : 5$.

De antika grekiska matematikerna kom därför att dela in par av geometriska storheter i sådana som är **kommensurabla** ("jämförbara") och sådana som är **inkommensurabla** ("ej jämförbara"). Jämför här nu med Newtons beskrivning av *number*. Vi kan säga att **diagonalen och sidan i kvadraten** utgör ett klassiskt paradigmexempel på inkommensurabla storheter. Ett annat likaså antikt exempel är alla sträckor som står i *extrem– och medelförhållande* till varandra; det-

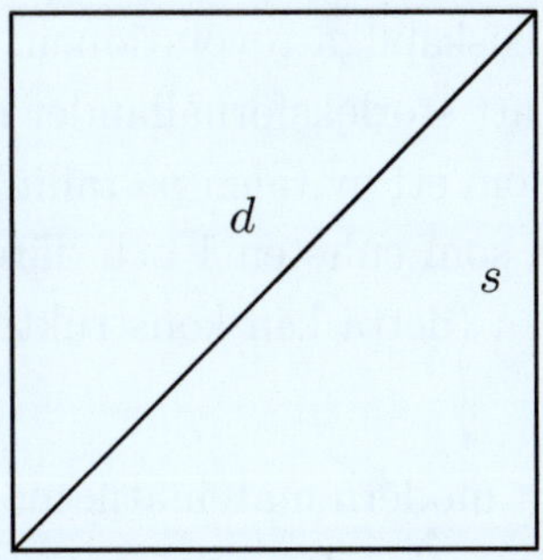

Figur 3: Diagonalen och sidan i en kvadrat är inkommensurabla. Kalla storleksförhållandet mellan diagonalen d och sidan s för F. Då finns det inget bråk som exakt uttrycker F. Men vi kan approximera F med närmevärden; ett grovt närmevärde är $F \approx 7/5$.

ta var Euklides term för vad som idag är mer känt under namnet **det gyllene snittet**. Så: Storleksförhållandet mellan kommensurabla storheter går att uttrycka exakt med ett enda bråk. Storleksförhållandet mellan inkommensurabla storheter går endast att approximera med bråk.

Exempel 4. (a) Omkretsen och sidan i en kvadrat är dock kommensurabla storheter. Storleksförhållandet mellan omkretsen och sidan är nämligen fyra till ett (4:1). Det betyder att omkretsen är lika stor som 4 hela av sidan.

(b) Sträckan OP och sträckan OE i figur 1 är kommensurabla. Storleksförhållandet mellan OP och OE är 1,4. Det är samma sak som att säga att OP är 14 10–delar av OE, lika mycket som 7 5–delar. □

De grekiska matematikerna hade inget *allmänt* talbegrepp som motsvarar vår moderna matematiks 'reellt tal' eller 'irrationellt tal' (egentligen är det en rätt lång och invecklad historia även under Europas klassiska epok). Som ett abstrakt aritmetiskt–algebraiskt talbegrepp sås fröet till vårt begrepp om de reella talen i samband med decimalsystemets framträdande på den europeiska scenen och ungefär vid tiden för den naturvetenskapliga revolutionen. Den tanken förefaller oss dock inte långsökt att storleksförhållandet mellan diagonalen och sidan borde uppträda som ett av talen på tallinjen, eftersom vi kunde välja sidan i kvadraten som enheten 1 och därefter lägga diagonalen åt höger utmed tallinjen (detta kan konstruktivt enkelt utföras med hjälp av en passare).

Det reella tal som enligt modern matematik motsvarar storleksförhållandet mellan diagonalen och sidan i en geometrisk kvadrat känner vi igen som *kvadratroten ur två* (använd till exempel Pythagoras sats), med matematisk notation

$$\sqrt{2}$$

Detta tal kännetecknas (bland annat) av egenskapen att produkten av roten ur två med sig självt är lika med två:

$$\sqrt{2} \cdot \sqrt{2} = (\sqrt{2})^2 = 2$$

I läroböckerna är talet $\sqrt{2}$ vanligen det första exemplet på ett reellt tal som inte är rationellt, utan som man alltså säger ”irrationellt”. Det finns alltså inget bråk vars kvadrat är exakt lika med 2. Det klassiska beviset för att det förhåller sig så ges i artikeln ”Kvadratroten ur två, eller, diagonalen och sidan i en kvadrat” (DFM, III(c)), där anknytningen till diagonalen och sidan i en kvadrat även tydliggörs.

Ett reellt tal säges överhuvudtaget vara **irrationellt** om det inte är rationellt, vilket går på ett ut med att säga att det i matematisk bemärkelse *inte låter sig uttryckas helt exakt som ett enda bråk*, det låter sig inte analyseras på ett ändligt sätt som ett enda bråk.

Exempel 5. Här är några typiska exempel på irrationella tal:

$$\sqrt{2}, \quad \sqrt{3}, \quad \sqrt{5}, \quad \sqrt{7}, \quad \pi, \quad \varphi, \quad e$$

Talet φ (grekiskans lilla fi) är *det gyllene snittet*, vars bästa närmevärde till tre decimalers noggrannhet är 1,618. Längst till höger i listan finner vi *talet e*, som är en mycket viktig matematisk konstant som kommer till användning inom den matematiska analysen, ett av naturvetenskapens viktiga verktyg. □

Däremot kan varje irrationellt tal entydigt approximeras med bråk — såsom decimaltal — till varje given *noggrannhet* ε, så länge felet tillåts vara åtminstone lite större än noll ($\varepsilon > 0$). Att approximationen sker *entydigt* innebär att man inte kan finna två närmevärden till det irrationella talet som ligger inom disjunkta (åtskilda) intervall på tallinjen.

Detta är också ett praktiskt viktigt faktum om vår matematik som är värt att understryka:

[4] *Varje irrationellt tal kan på ett entydigt sätt approximeras med bråk (såsom decimaltal) till varje given noggrannhet, åtminstone så länge felgränsen* $\varepsilon > 0$.

Detta betyder, åtminstone teoretiskt sett, att om a är ett irrationellt tal och vi exempelvis väljer noggrannheten, felgränsen $\varepsilon = 10^{-6} =$ 0,000001 (en miljondel), så finns det minst ett rationellt tal q som ligger inom ett avstånd av en miljondel från a; och på samma sätt med varje annan felgräns vi kunde välja, om det så vore $\varepsilon = 10^{-1000000000000}$ (en biljondel) eller $\varepsilon = 10^{-10^{1000}}$.

För konkreta praktiska syften räcker det dock (för det mesta) gott och väl med en approximation av en given irrationell talsymbol till några få decimaler. Faktiskt, även i de mest sofistikerade teknologiska och naturvetenskapliga beräkningar används garanterat aldrig mer än 50 decimaler till π, för att ta ett viktigt exempel. NASA lär som mest nyttja 15–16 decimaler för sitt rymdprogram och GPS (*Global Positioning System*) för ortsbestämning på jordytan med hjälp av satelliter. Vid precisionsbestämning av fundamentala fysikaliska konstanter görs beräkningarna med högst 40 decimaler till π.[6] Det finns i

[6]Se NASA:s artikel ”How Many Decimals of Pi Do We Really Need?” på https://www.jpl.nasa.gov/edu/news/2016/3/16/how-many-decimals-of-pi-do-we-really-need/

praktiken aldrig något behov av veta något om den "oändliga följden av decimaler" efter decimalkommat (ens om detta vore en begriplig tanke vill säga).

Däremot kan det förstås finnas ett matematikvetenskapligt intresse i det att undersöka mönster i decimalutvecklingen av π, som rent *hypotetiskt* även skulle kunna innebära naturvetenskapligt eller teknologiskt betydelsefulla upptäckter respektive tillämpningar (inget helt ovanligt scenario i vetenskapens historia).

1.2.5 Mängdlärans beteckningar för talområden

Låt oss påminna oss om den gängse notationen för de olika talområden vi här rör oss med.

Vanligtvis betecknas *mängden av rationella tal* med

$$\mathbb{Q}$$

och *mängden av reella tal* med tecknet

$$\mathbb{R}$$

i matematiken.

Några ytterligare vanliga skrivsätt: för *mängden av positiva heltal* $\mathbb{Z}^+$, för *naturliga tal* $\mathbb{N}$ (positiva heltal samt talet noll), för alla heltal $\mathbb{Z}$; och för *mängden av decimaltal* kan vi till exempel välja beteckningen **D**. Vad jag vet finns ingen standardiserad notation för denna talmängd.[7]

Mängden av irrationella tal betecknas ibland **Irr**, men man kan också använda mängdlärans symbolspråk och skriva denna mängd som en

[7] Algebraiskt sett är **D**, i likhet med heltalen, en ordnad kommutativ ring med etta, dock inte en kropp.

mängddifferens:

$$\mathbf{Irr} = \mathbb{R} \setminus \mathbb{Q}$$

De reella talen i sin tur ingår i *mängden av komplexa tal*

$$\mathbb{C}$$

vilket är det största talområde man för det mesta rör sig med i matematiken.

Heltalen är alltså en äkta delmängd av decimaltalen, vilka i sin tur bildar en äkta delmängd av de rationella talen. Vidare gäller att de rationella talen bildar en äkta delmängd av mängden av reella tal. Det finns, som sagt, reella tal som inte är rationella, som inte kan uttryckas exakt som ett enda bråk. Slutligen ingår de reella talen i området av komplexa tal. Sammanfattningsvis:

$$\mathbb{Z}^+ \subset \mathbb{N} \subset \mathbb{Z} \subset \mathbf{D} \subset \mathbb{Q} \subset \mathbb{R} \subset \mathbb{C}$$

1.3 Den reella talsymbolen och approximationens princip

Från och med det här avsnittet övergår vi till en mer moderniserad och formell förståelse av vad ett 'reellt tal' är för något. Förutom reella tal kommer vi också att tala om *(reella) talsymboler*. Vad är egentligen skillnaden och relationen mellan begreppet om ett *tal* respektive det om en tal*symbol*? Detta kan vara en mycket fruktbar frågeställning tror jag — både i arbetet med att lära sig och komma till en förståelse av matematiken, i matematikundervisning och i logik och filosofi.

— Vi återkommer till den här frågan i andra sammanhang, bland annat i kommentarsavsnittet. Men såhär kortfattat skulle jag vilja säga att sambandet är mycket intimt; nämligen, om man förstår ordet symbol på riktigt sätt, och inte bara som en speciell beteckning, som en viss sorts grafisk eller akustisk gestalt.[8]

1.3.1 Reella talsymboler: konstanter respektive variabler

Reella talsymboler faller i två exklusiva huvudkategorier: de är antingen faktiskt **matematiska konstanter (konstantsymboler)** eller så är de **variabler (variabelsymboler)**.[9]

Reella variabelsymboler brukar av hävd ofta betecknas $a, b, c \ldots$ eller $x, y, z \ldots$, men i stort sett alla bokstäver ur det latinska eller grekiska alfabetet används. Exempel på reella konstantsymboler som är *rationella* är 1, 2, $\frac{3}{5}$, -8 och 3,1415926. Exempel på konstanta reella symboler som är *irrationella* är $\sqrt{2}$, $\sqrt{3}$, π, talet e och φ, det gyllene snittet "fi". Konstantsymbolerna har som bekant ibland speciella, *internationellt standardiserade* beteckningar. I figur 4 visas en tabell över några vanliga typer av reella tal/konstanter/konstantsymboler, utöver beteckningar för rationella tal.

Väsentliga skillnader mellan en variabelsymbol och en konstantsymbol kan beskrivas på följande sätt. Vad beträffar till exempel den matematiska konstanten $\sqrt{2}$ är det *möjligt/tillåtet att säga* saker såsom:

"$\sqrt{2}$ är mindre än 2"

"$\sqrt{2}$ är på ett *ungefär* 1,41"

"$\sqrt{2}$ är *definitivt* större än 1"

[8]Om detta ämne upplever jag att den framlidne svenske filosofen Sören Stenlund har mycket av intresse att säga i sina efterlämnade skrifter.

[9]Beroende på sammanhang brukar ingående variabelsymboler också kallas "obekant", "oberoende"–"beroende", "parameter", "konstant", etc. Exempelvis kan man höra sägas att (*) "en allmän andragradsfunktion har formen $y = ax^2+bx+c$", där a, b och c "utgör konstanter". Naturligtvis är 'a', 'b' och 'c' inga "konstanter" i samma mening som talen '3', '2/5' och '$\sqrt{7}$' utgör faktiska matematiskt konstanta talsymboler. I formuleringen (*) betyder "konstanter" att a, b, c är funktionens givna parametrar, och att det endast är x som ska behandlas som oberoende variabel i funktionen eller som obekant i samband med lösning av andragradsekvationen. Vad som avses framgår oftast med tillräcklig tydlighet av kontexten.

Symboltyp	*Exempel*
Heltal	$-3\ \ -2\ \ -1\ \ 0\ \ 1\ \ 2\ \ 3$
Bråk	$\frac{1}{3}\ \ 4/5\ \ -\frac{22}{7}$
Decimaltal	1,618 −5,3 0.00001
n–Rötter	$\sqrt{2}\ \ \sqrt{3}\ \ \sqrt{5}\ \ \sqrt[3]{10}\ \ \sqrt[5]{20}$
Speciella konstanter	$\pi\ \ e\ \ \varphi$
Elementära operationer	$4+5\pi\ \ 6-\sqrt{2}\ \ 2\sqrt{5}$
Potenser	$3^{1/5}\ \ 1999^{17/280}\ \ (4/7)^{29/3}\ \ e^4$
Logaritmvärden	$\log(45344)\ \ \ln(5e^{10,22})$
Trigonometriska funktionsvärden	$\sin(45°)\ \ \cos(\pi/3)\ \ \tan(33°)$

Figur 4: De vanligaste typerna av reella konstantsymboler i matematiken upp till och med inledande kurser på universitetsnivå. Dessa typer av symboler visar sig mycket ofta vara av den irrationella arten, så pass att det är vad man oftast har att förvänta sig.

Däremot finns det inget bråk för vilket man kunde säga "$\sqrt{2}$ är precis p q–delar", eftersom kvadratroten ur två är ett icke–rationellt reellt tal, ett irrationellt tal. Vad beträffar till exempel tecknen a och b i rollen som (använda, utnyttjade som) reella variabelsymboler, är det möjligt/tillåtet att säga saker som:

"*Antag* att a är större än 10"

"*Om* a är större än 2, *så* är a i kvadrat större än 4"

"*För alla* a och b gäller att $a \cdot b = b \cdot a$ (kommutativitet)"

"*Sätt* $t = 2$. *Då* är $t^2 = 2^2 = 4$, alltså ..."

Däremot går det inte att säga vilka värden a och b har eller ungefär har eller till si och så många decimaler — helt enkelt därför att det är symboler av *typen* variabler och inte konstanter.

Jämför detta med att säga "Antag att en medborgare Alfa är äldre än 18 år gammal. I så fall är det tillåtet att köpa alkoholhaltiga drycker, men inte tillåtet att köpa narkotikaklassade medel." Beteckningen "Alfa" är här jämförbar med en talvariabel. Det är förstås inte möjligt att säga hur gammal Alfa är. Man kunde ju lika gärna ha sagt "Antag istället att Alfa är yngre än 18 år gammal. I så fall ..."

Det är om dessa reella konstanter eller konstantsymboler som vi skulle säga att de "faktiskt är reella tal", medan variabeluttryck som "Låt x vara ett reellt tal ..." inte pekar ut eller svarar mot någon egentlig reell konstantsymbol. Det vill säga, vi skulle inte säga att variabeln x eller a egentligen är ett reellt tal, medan vi faktiskt skulle säga så om symbolen 4,5 eller $\sqrt{3}$.

Reella talsymboler i geometri, ekonomi och naturvetenskap: några exempel för påminnelse

Exempel 6 (geometri). Tre raka plankor med längderna 45 cm, 28 cm respektive 52 cm är ihopsatta. Bildar dessa en rätvinklig triangel?

Lösning: 1. Låt en triangel ha sidlängderna a, b och c, där c har störst längd. Pythagoras sats (direkta och indirekta) har innebörden att

$$\textit{Triangeln är rätvinklig} \iff a^2 + b^2 = c^2$$

2. Vi sätter $a = 45$, $b = 28$ och $c = 52$, och får

$$a^2 + b^2 = 45^2 + 28^2 = 2809$$
$$c^2 = 52^2 = 2704$$

3. Eftersom $2809 \neq 2704$ drar vi ur rad (1) och (2) slutsatsen att plankorna ej bildar en rät vinkel. Svar: nej. □

Exempel 7 (ekonomi). Värdet på en viss fastighet har stigit med i genomsnitt 3,5 % per år. Det nuvarande värdet är 1,25 milj. kr.

(a) Vad är det projicerade värdet om fem år?

(b) När skulle värdet på fastigheten ha fördubblats, om mönstret håller i sig?

Lösning: Förändringsfaktorn är 1.035. Beteckna värdet vid tidpunkten t år räknat från detta år som $V(t)$.

(a) Vi får det projicerade värdet om fem år till

$$V(5) = 1.035^5 \cdot 1.25 = 1.4846\ldots \approx 1.48 \text{ mkr}$$

(b) För att finna tidpunkten för värdets fördubbling behöver vi lösa ekvationen $1.035^t = 2$. Den analytiska lösningen får vi med logarit-

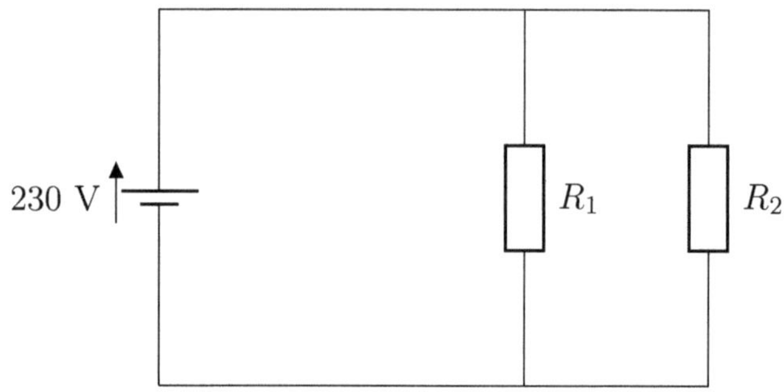

Figur 5: Kopplingsschema för värmeelementet i exempel 8.

mer:

$$\begin{aligned} 1.035^t &= 2 \\ \lg(1.035^t) &= \lg(2) \\ t \cdot \lg(1.035) &= \lg(2) \\ t &= \lg(2)/\lg(1.035) \end{aligned}$$

Med kalkylator får vi närmevärdet $t = 20.148\ldots \approx 20$ år. □

Exempel 8 (ellära). Ett visst värmestrålningselement utgörs av två stycken resistanstrådar som parallellkopplas till en spänning på 230 V, där respektive tråd har resistansen 67,2 Ω. Hur stor effekt avger värmestrålningselementet?

Lösning: I ett elektriskt kopplingsschema kan resistanstrådarna representeras som två motstånd R_1 och R_2. Situationen visas i figur 5.

Låt oss börja med att bestämma ersättningsresistansen R för de två motstånden tillsammans. Ersättningsresistansen finner vi ur den välkända fysikaliska formeln

$$\frac{1}{R} = \frac{1}{R_1} + \frac{1}{R_2}$$

Genom insättning av givna data erhåller vi en ekvation:

$$\frac{1}{R} = \frac{2}{R_1} = \frac{2}{67.2}$$
$$R = 1/(2/67.2) = 67.2/2 = 33.6\ \Omega$$

För effekten P gäller $P = UI$, vilket tillsammans med Ohms lag $U = RI$ ger

$$P = UI = RI^2 = U^2/R = 230^2/33.6 = 1574.4\ \text{W} \approx 1.57\ \text{kW}$$

Elementet avger effekten 1,57 kilowatt. □

Exempel 9 (mekanik). En sten kastas rakt upp med hastigheten 25 m/s från marken.

(a) Hur lång tid tar det för stenen att nå sin högsta punkt och börja falla nedåt igen?

(b) Hur högt över marken befinner sig stenen vid vändpunkten?

(c) Efter hur lång tid och med vilken hastighet återvänder stenen till markytan?

Lösning: I elementär mekanik ges följande samband för vertikal rörelse vid jordytan:

$$v(t) = v_0 - gt \qquad (*)$$
$$h(t) = h_0 + v_0 t - \frac{1}{2} g t^2 \qquad (**)$$

där $v(t)$ [m/s] är hastighet (positivt tecken uppåt, negativt nedåt) vid tidpunkten t [s], v_0 [m/s] initialhastighet vid $t = 0$, h [m] är höjden vid tidpunkten t och h_0 [m] är utgångshöjden vid $t = 0$. Accelerationskonstanten vid jordytan $g = 9{,}81$ m/s^2.

Vi har $v_0 = 25$ m/s och sätter $h = 0$ m vid jordytan och $h_0 = 0$ m.

Detta ger oss ekvationerna

$$v = 25 - gt \tag{*}$$

$$h = 25t - \frac{1}{2}gt^2 \tag{**}$$

för den situation vi har till uppgift att analysera.

(a) Vändpunkten finner vi där hastigheten är noll, alltså genom att lösa ekvationen $v = 0$ för tiden t. Vi får

$$t = 25/g = 2.548\ldots \approx 2.5 \text{ s}$$

(b) Höjden vid vändpunkten får vi genom insättning i (**):

$$h(5) = 25 \cdot 2.5 - 0.5 \cdot 9.81 \cdot 2.5^2 = 31.843\ldots \approx 32 \text{ m}$$

(c) Av symmetriskäl tar det samma tid för stenen av återvända till marken som att nå vändläget, det vill säga 2,5 sekunder. □

1.3.2 Approximationsprincipen för $\mathbb{R}$

Varje **reellt tal** är alltså inom matematiken accepterad som en talsymbol som exklusivt antingen:

(i) *kan uttryckas exakt som ett enda bråk*, eller

(ii) *entydigt kan approximeras med bråk inom varje given felgräns ε större än noll, dock inte uttryckas helt exakt som ett enda bråk, det vill säga med felgränsen lika med noll.*

I fall (i) talar man om ett **rationellt tal**; detta känner vi igen som läroböckernas standarddefinition av 'rationellt tal'. I fall (ii) talar man om ett **irrationellt tal**. Man skulle också kunna uttrycka det så att ett irrationellt tal är ett tal som *inte låter sig analyseras på ett ändligt sätt* i formen av ett enda bråk, dock approximeras med bråk.

Som vi ser kan (i) och (ii) sammanfattas under följande koncisa formulering:

[5] *Varje reellt tal låter sig på ett entydigt sätt approximeras med bråk inom varje given felgräns $\varepsilon > 0$. Ett reellt tal är i sin tur rationellt om och endast om, det inte bara kan approximeras, utan låter sig uttryckas exakt som ett enda bråk. I annat fall är det reella talet irrationellt.*

Det faktum om vår matematik som artikuleras i [5] reflekterar en kedja av 'beslut'[10] man fattade inom matematiken och vetenskapen om denna under andra halvan av 1800–talet — en samling grammatiska eller begreppsliga *regleringar* med andra ord — och som allt sedan dess är i full kraft. Vi skulle kunna ge den här karakteristiken ett namn och kalla [5] för **approximationsprincipen** eller **approximationskriteriet** för $\mathbb{R}$.[11]

[10]Inom apostrofer för att understryka att det inte behöver handla om ett beslut i den medvetna, avsiktliga bemärkelsen "Hädanefter ska den här båten få heta ..." Det är ett beslut i *någon* mening, vars kollektiva innebörd kan utredas ytterligare, men det är inte en godtycklig stipulation.

[11]Med approximationskriteriet rör vi oss mot något sådant som en "väsensdefinition", att fånga "essensen" i ett begrepp, som man talade om i den grekiska och medeltida filosofin. Display [5] har, såvitt jag kan se, karaktären av vad filosofen Wittgenstein skulle ha kallat en *"grammatisk anmärkning"*.

Antag till exempel att vi befann oss i tvivelsmål beträffande huruvida det matematiska objektet π verkligen är möjligt att approximera entydigt till varje given noggrannhet $\varepsilon > 0$. Det vore i så fall inte helt självklart huruvida vi vore beredda att säga att (a) "Objektet π *är trots allt* inte ett reellt tal, fastän vi *levde* i den övertygelsen" eller (b) "*Det finns faktiskt* reella tal som saknar den önskade egenskapen approximerbarhet med bråk". Vad vore det rätta att säga? Naturligtvis är det ingen matematiker som på allvar tror att just denna situation skulle uppstå beträffande π — det är ett fantasifullt tankeexperiment för att illustrera en begreppslig poäng.

Vi rör oss därmed med olika *kollektiva beslut* som gäller för en viss term i matematiken eller matematikvetenskapen, i detta fall 'reellt tal'. Det är beslut som endast kan fattas i den språkliga, matematiska och vetenskapliga praktiken. Och det betyder inte 'beslut' i betydelsen att man satt sig ned kring ett bord och klubbat igenom "hädanefter döper jag dig till...", och inte heller att det är något godtyckligt över det. Det är mycket genomtänkt och det reflekterar ett möjligt sätt att bygga vidare på matematiken. Det är lika litet godtyckligt som de 'val' som görs i ett konstnärligt arbete.

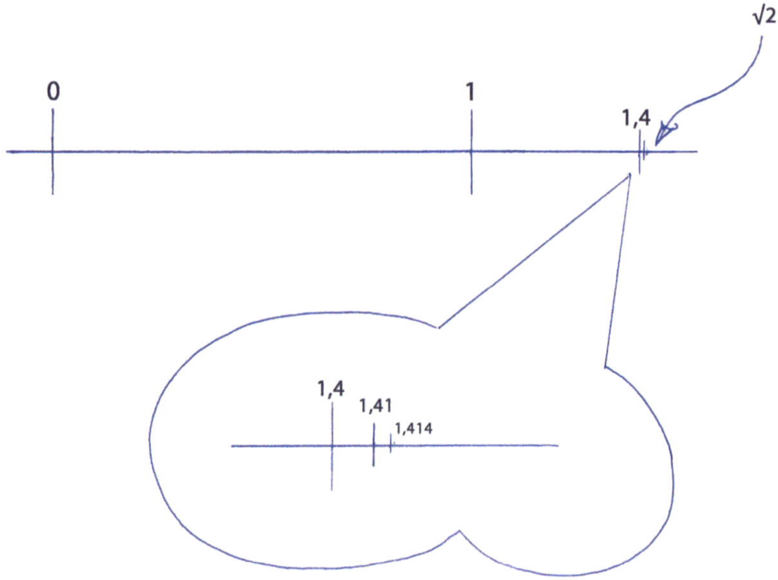

Figur 6: Illustration till den allmänna idéen att varje reellt tal kan approximeras genom successivt bättre rationella närmevärden (såsom decimaltal), inom varje given noggrannhet $\varepsilon > 0$.

Approximationsprincipen för $\mathbb{R}$ kan summeras på olika sätt, för att därefter preciseras etappvis. Formuleringarna i [5] och [6] utgör viktiga exempel på sådana övergripande, 'intuitiva', summeringar och inledande moment i ett dylikt preciseringsarbete.

Ett naturligt sätt att inleda en precisering av de reella talens approximationsegenskaper i förhållande till de rationella talen är i termer av *ordningsrelationen* $<$ eller $\leq$, som vi också kallar **storleksrelationen**. Mycket av approximerbarheten och dess entydighet kan sammanfattas genom att säga att *storleksrelationen utvidgad från de rationella talen* $\mathbb{Q}$ *till reella tal bibehåller sin linjäritet*. I informella termer kan man säga: "Alla reella tal ligger i linje med de rationella talen." Eller: "Alla reella tal kan entydigt ordnas på tallinjen (tallinjalen)."

De regler som är etablerade för de reella talen innebär alltså, att om

K är en reell talsymbol är det av principskäl alltid tillåtet att säga saker som:

> "*Antag* att K är större än 1,5."
>
> "*Antingen* är K mindre än 1,5 *eller* så är 1,5 mindre än eller lika med K — men båda påståendena kan inte vara sanna."
>
> "*Om* K är större än 1,41 *så* är K också större än 1,4."
>
> "Om K vore *större* än 1,618, så kan K förstås inte också vara *mindre* än 1,6."

Storleksrelationen erbjuder alltså ett språk för att närmare formulera approximationskriteriet.

1.3.3 Approximationskriteriet: alternativ formulering i termer av decimalutveckling

Ett annat försök att ringa in och beskriva detta grundläggande kriterium på att en matematisk symbol överhuvudtaget utgör, accepteras som, ett 'reellt tal' utgår från bruket av decimal approximation:

[6] *Varje reellt tal kan decimalutvecklas, vilket betyder, approximeras entydigt med decimaltal till ett valfritt antal decimaler.*

Underförstått: valfritt men ändligt antal decimaler.[12] Denna, eller med denna liknande, formuleringar förekommer i en del läroböcker (även för universitet/högskola).

De två kriterieformuleringarna [5] och [6] är i viss mening ekvivalenta, nämligen i det matematiska avseendet att *approximerbarhet med bråk implicerar approximerbarhet med decimaltal, och vice versa.* Således

[12]Därtill kunde man behöva tillägga: ... *och uteslutande följder som någonstans övergår i en oändlig upprepning av 9:or.* I detta fall är ju dock talet rationellt och kan dessutom skrivas exakt som ett enda decimaltal (t.ex. 0,24999 ... = 0,25), varför behovet av approximation inte alls inträder.

kan vi kalla även [6] för "approximationskriteriet", om inte kontexten kräver att vi gör åtskillnad.

Den första formuleringen [5] har dessa två fördelar jämfört med [6]:

(a) [5] uttrycker ingen preferens för just decimalsystemet och decimal approximation, i motsats till exempelvis binär representation och binärutveckling; och

(b) formulering [5] ligger närmare det gängse sättet att definiera de rationella talen i läroböcker och andra sammanhang.

1.3.4 Notation för approximation, närmevärden och felgränser till reella tal

Vi ska i det här avsnittet införa några uttryckssätt och skrivsätt som kan underlätta och tydliggöra beskrivningen av de praktiska reglerna för reella tal.

Låt oss här för enkelhetens skull använda någon bokstav som *allmän variabel för tal*, osagt av vilken typ: om det är rationella, reella, komplexa, etc. Förslagsvis

$$K$$

(bokstaven K av svenskans *kvantitet*), eventuellt försedd med index $K_1, K_2, K_3, \ldots$

Istället för *ett tal* kan vi också tala om K som en *talsymbol*, *matematisk konstant*, *matematisk kvantitet*, *kvantitativ matematisk symbol*, med mera. Vi behandlar dessa ord som (mer eller mindre) som utbytbara, utan att framhäva distinktioner om så inte är nödvändigt i kontexten.

Det vanliga i matematiken är att **felgräns, noggrannhet, finhet, osäkerhet** betecknas med den grekiska bokstaven lilla epsilon

$$\varepsilon$$

I kontexten av denna studie låter vi det alltid vara underförstått att felgränsen ε betecknar ett *icke–negativt rationellt tal.* Med mängdlärans skrivsätt:

$$\varepsilon \in \mathbb{Q} \wedge \varepsilon \geq 0$$

Ibland behöver det understrykas att felgränsen inte kan vara exakt noll. Det gör man ofta genom att kort och gott skriva "$\varepsilon > 0$".[13]

Man skiljer i numerisk analys mellan någon fastställd *felgräns* ε och *"det absoluta felet"* i ett närmevärde. Felgränsen är förstås en *gräns* för hur stort felet i approximationen kan vara, medan felet anger (tänker man) hur stort felet i approximationen "verkligen är". Formellt, om q är ett (i normalfallet rationellt) närmevärde till det reella talet x, så är **(det absoluta) felet** i approximationen, som vi här kan beteckna $E = E(x)$, teoretiskt definierat som differensen mellan q och x[14]:

$$E(x) = q - x$$

E är med andra ord *ytterligare* en reell talsymbol, som kan approximeras, och alltid utgör ännu ett irrationellt tal om det tal x som approximeras är irrationellt. Om $\varepsilon > 0$ är en felgräns för approximationen q till x, så gäller följaktligen, per definition, att

$$|E(x)| \leq \varepsilon$$

Det relativa felet δx definieras som kvoten mellan det absoluta felet E och absolutbeloppet av x:

$$\delta x = E(x)/|x|$$

[13]När man sedan övergår till studiet av matematisk analys och gränsvärden tillåter man även att $\varepsilon \in \mathbb{R}$ för större smidighet i uttryckssätt, beräkningar och härledningar.

[14]I numerisk analys används ofta skrivsättet "Δx" för det absoluta felet, vilket ju även används i differential– och integralkalkylen i anslutning till bestämningen av differenskvoter för en reellvärd funktion av en variabel. För att i sammanhanget av en teoretisk behandling av elementär aritmetik och algebra undvika eventuell förvirring över skrivsättet, valde jag därför istället "$E(x)$" (stort E eller stort grekiskt epsilon) som notation för absolut fel.

Det relativa felet uttrycks ofta i procent, det vill säga som $(100 \times \delta x)$ %. Om q har ett underskott jämfört med $x > 0$, så får alltså det absoluta och relativa felet negativt tecken, vilket alltid kommer vara fallet med element ur decimalutvecklingen till ett irrationellt tal som närmevärden.

Med en **feluppskattning** menas (att ange) ett intervall av rationella tal inom vilket talsymbolen K kan uppskattas, ligger, kan placeras. Eller som man också skulle säga, inom vilket "det exakta" eller "egentliga" värdet ligger. Om man vet att K uppskattas till någonstans mellan de rationella talen q_1 och q_2, så är ett sätt att uttrycka denna information kortfattat att utnyttja storleksrelationen och skriva

$$q_1 \leq K \leq q_2$$

"K ligger mellan q_1 och q_2." Ett alternativ är att utnyttja notationen för intervall och skriva

$$K \in [q_1, q_2]$$

Det står: "K ligger i intervallet från q_1 till q_2." Det rationella talet q_1 säges vara en **nedre gräns** för K och q_2 en **övre gräns** för eller till K.

Vi säger att en feluppskattning till K är **finare (grövre)** än en annan om intervallbredden $|q_2 - q_1|$ i den förra approximationen är mindre (större) än motsvarande avstånd i den senare.

Om det rationella talet q är ett **närmevärde** till, en **approximation** av K med noggrannheten $\varepsilon > 0$ är ett av sätten man skriver detta som

$$K = q \pm \varepsilon$$

Skrivsättet förekommer i en del läroböcker i matematisk analys, men speciellt i *numerisk analys*, inom vilken man särskilt behöver ta hänsyn till approximationer och felspridning vid beräkningar. Påståendet kan utläsas på ett antal olika sätt, som alla är synonyma:

$K = q \pm \varepsilon$

$\rightleftarrows$

"K är lika med q plus/minus ε"

q är ett närmevärde till K inom felgränsen ε

q är ett närmevärde till K med noggrannheten ε

K ligger inom ett avstånd av ε från q

En approximation till K med noggrannheten ε är q

Och så vidare. Istället för $K = q \pm \varepsilon$ kan vi också använda storleksrelationen och skriva

$$q - \varepsilon \leq K \leq q + \varepsilon$$

vilket uppfattas som synonymt. Med andra ord och bara för att hålla reda på termer: $K = q \pm \varepsilon$ om och endast om intervallet $[q - \varepsilon, q + \varepsilon]$ utgör en feluppskattning till K.

Anmärkning. Skrivsättet $K = q \pm \varepsilon$ är analogt med det normala mönstret för att uppge felgränser vid mätning av storheter inom naturvetenskaperna och ingenjörskonsten. Jag påminner dock om att K inte syftar på någon fysikalisk storhet, och därför finns inga empiriska enheter inblandade (såsom m, kg eller °C).

Skrivsättet $K = q \pm \varepsilon$ ska heller inte förväxlas med det sätt på vilket man till exempel kan ange de två exakta lösningarna till andragradsekvationen $x^2 - x - 1 = 0$ som $x = \frac{1}{2} \pm \frac{1}{2}\sqrt{5}$. Man kan använda båda dessa skrivsätt om så är lämpligt och låta det framgå av sammanhanget vilken användning som avses. □

Exempel 10. Talet π till två decimaler i dess decimalutveckling är 3,14. Det innebär att vi har följande feluppskattning (1):

$$3{,}14 < \pi < 3{,}15$$

I figur 7 är intervallet $[3.14, 3.15]$ utritat på en tallinje. Talet 3,14 utgör en nedre gräns och 3,15 en övre gräns till π. Det gäller också att (2):

$$\pi = 3{,}1 \pm 0{,}1$$

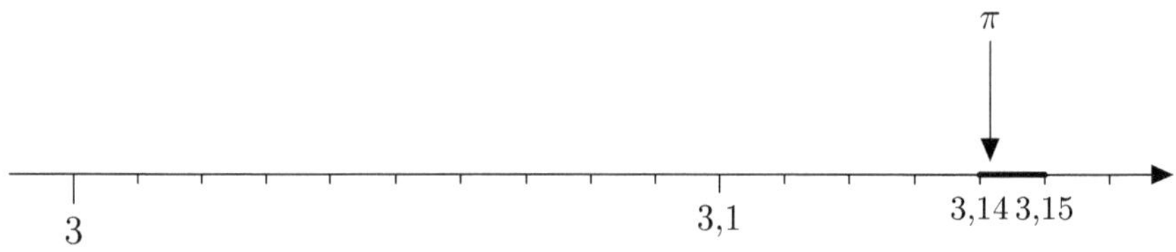

Figur 7: Talet π ligger någonstans mellan 3,14 och 3,15. Talet 3,14 är alltså den bästa approximationen av π som ett decimaltal med två decimaler, som uppfyller villkoret att vara större än eller lika med π.

Här är $K = \pi$, $q = 3{,}1$ och $\varepsilon = 0{,}1$. Ett annat närmevärde till π baserad på informationen i olikhet (1) är (3):

$$\pi = 3{,}145 \pm 0{,}005$$

Närmevärdet 3,145 är mittpunkten (medelvärdet) på intervallet [3.14, 3.15]. □

Ett närmevärde till K är **finare (grövre)** än ett annat närmevärde om felgränsen i den förra approximationen är mindre (större) än felgränsen i den senare. I exemplet är approximation (3) finare än (2), eftersom $0{,}005 < 0{,}1$. En ännu finare approximation av π jämfört med ovanstående vore

$$\pi = 3{,}14159 \pm 0{,}00001$$

Det här närmevärdet har fler decimaler och det mindre felet $\varepsilon = 0{,}00001 < 0{,}005$. Eftersom detta närmevärde dessutom är den bästa decimala approximationen av π till fem decimaler ligger π inom feluppskattningen

$$3{,}14159 < \pi < 3{,}14160$$

Detta är för många praktiska beräkningar fullt tillräckligt som approximation.

Om den undre felgränsen ε_1 och den övre felgränsen ε_2 i en approximation ligger på olika avstånd från närmevärdet q kan ett sätt att få med den informationen vara att skriva:

$$q - \varepsilon_1 \leq K \leq q + \varepsilon_2$$

Exempel 11. Talet $\sqrt{2}$ till fyra decimaler är 1,4142. Således kan vi skriva

$$1{,}4142 - 0 < \sqrt{2} < 1{,}4142 + 0{,}0001$$

Här är $q = 1{,}4142$, $\varepsilon_1 = 0$ och $\varepsilon_2 = 0{,}0001$. □

1.3.5 Empiriska storheter jämfört med matematiska talsymboler

Var uppmärksam på skillnader och samband mellan det naturvetenskapliga (fysikaliska) begreppet storhet (eng. *physical quantity*) och matematikens begrepp tal (eng. *number*). En *storhet* är något som kan mätas (eller som man åtminstone tänker, föreställer sig som mätbart), och därvid uppges *mätetal*, *enhet* och *felgräns*. Mätetalet i sin tur är eller uttrycks genom någon reell konstantsymbol.

En *matematisk talsymbol* har aldrig någonsin någon enhet eller dimension. Mätetalet för en storhet är visserligen ett tal, men ett tal har i sig självt inte någon enhet, såsom kilogram, meter eller sekund. (Härmed sammanhänger den newtonsk–cartesianska konceptionen om ett tal som ett abstraherat storleksförhållande.) Exempel på talsymboler är förstås

$$2 \quad \frac{5}{8} \quad 1{,}618 \quad \sqrt{2} \quad \pi$$

eller med ord 'talet två', talet 'fem åttondelar', talet 'ett komma sexhundraarton', talet 'kvadratroten ur två' samt 'talet pi'.

I matematiken talar man inte om att "mäta" en rent matematisk kvantitet — såsom storleksförhållandet mellan diagonalen och sidan i en kvadrat eller en aritmetisk–algebraisk talsymbol såsom talet e — utan man säger att man antingen *bestämmer* kvantiteten exakt eller så *approximerar* man den genom att beräkna ett visst *närmevärde* till den *inom felgränsen, med felet, med noggrannheten* si och så eller med si och så många decimaler. Talet är så att säga *måttet* och inte *det mätta.*

Avsaknaden av fysikaliska enheter för matematiska talsymboler är en *fundamental skillnad* mellan fysikaliska storheter och dessa matematikens tal. Men en *viktig likhet* mellan fysikaliska storheter och matematikens reella tal är förekomsten av och den absoluta relevansen av *feluppskattning.* En skillnad återigen är att 'felgränsen' i fallet med fysikens storheter handlar om att man gör *empiriska mätningar ute i fält eller i laboratorier och observatorier*, och därför får in ett element av osäkerhet, medan 'felgränsen hos ett närmevärde' till ett reellt tal är något som *beräknas* på papper eller med en dator och uppskattas genom *matematiska* resonemang och inte naturvetenskapliga. Man kan sitta lite var som helst och tänka. Det rör sig alltså om två olika begrepp om eller användningar av ordet felgräns.

I matematikens fall handlar det aldrig om någon *empirisk* osäkerhet — inte ens när man räknar fel av misstag! Detta är nämligen ett exempel på *logisk–begreppsliga skillnader* mellan matematik och naturvetenskap såsom mänskliga verksamheter.

Feluppskattning inom naturvetenskaperna hör till ett område som kallas **felanalys**, och brukar ingå som ett grundläggande kursmoment i utbildningar inom exempelvis fysik, kemi eller ingenjörkonst. Numerisk feluppskattning är förstås av vikt inom många olika grenar av matematiken, men är särskilt förknippat med området **numerisk analys** eller **beräkningsvetenskap**. Kunskaper i numerisk analys är av central vikt när det handlar om att göra massiva datorberäkningar, i vilket inslag av approximationsfel och felfortplantning utan undantag träder in.

1.3.6 Tre skilda begrepp: decimaltal, decimalutveckling, reellt tal

Det vanligaste idag är att som en approximation till ett givet reellt tal välja (beräkna) ett närmevärde av typen *decimaltal*, exempelvis 3,14 som närmevärde till π eller 1,414 som närmevärde till $\sqrt{2}$.

— Av vilka skäl använder man just decimaltal, som har basen tio? Är det något speciellt med basen tio? Detta är inte en helt enkel fråga att besvara. *En* sak som är speciellt med tio är förstås det *naturfaktum* att arten människan (med få undantag som bekräftar regeln) har tio fingrar och tio tår. Detta vore ett sorts biologiskt förklaringsförsök, men man kunde på samma gång fortsätta ställa frågan: "Ja, men *varför* har den mänskliga arten just tio fingrar och tio tår? Är det endast en sorts evolutionär slump? ..."

En annan och delvis mer klargörande sorts förklaring kombinerar kunskaper om matematikens historia med matematiska fördelar. Metoder för beräkningar med och approximation genom decimaltal inträder först efter *det decimala positionssystemets* (med sina tio hindu-arabiska siffror $0, 1, 2, \ldots, 9$) etablering på den europeiska scenen under sen medeltid och renässans, som kom genom kontakten med arabiska handelsmän. Det decimala positionssystemet möjliggör komplicerade beräkningar på ett sätt som inte var praktiskt effektivt med den tidens sätt att skriva tal i Europa, nämligen *det romerska talbeteckningssystemet*, vilket är klumpigt och saknar all den matematiska smidighet och strömlinjeformning som utmärker alla positionssystem.

Om det skulle finnas några andra speciella matematiska, biologiska eller andra förklaringar till just basen tio kan jag inte uttala mig om. Däremot kan man säga såhär: de allmänna principerna och reglerna för de reella talen har för sin formulering inget krav på basen tio, det är ur *den* synvinkeln något tillfälligt. Idag används ju också det binära (bas två, därför två siffror 0 och 1) samt det hexidecimala (bas sexton, med extra siffror A, B, C, D, E, F) talbeteckningssystemet i anslutning till datateknik och programmering. Det vi här kallat approximationskriteriet för $\mathbb{R}$ är inte avhängigt approximation genom decimaltal, utan man kan i princip lika gärna utföra approximationen med exempelvis binära tal.

Hur som helst inträder metoder för decimalapproximation för många sekler sedan i Europas historia. Det är det vi nu överlag använder i praktiken och som vi har vant oss vid i samhälle och utbildningsväsende.

Exempel 12. Några exempel på decimala närmevärden till reella tal:

$$\frac{1}{3} = 0{,}333\ldots$$
$$\sqrt{2} = 1{,}414\ldots$$
$$\pi = 3{,}14159265358979\ldots$$

□

De tre prickarna "..." efter strängen av siffror kan utläsas "och så vidare". Det som står är dock inte att, till exempel, talsymbolen $\sqrt{2}$ i vänsterledet liksom är lika med en 1:a följd av siffror efter decimalkommat, som fortsätter förbi och utanför pappret i all oändlighet. Prickarna betyder här bara att decimaltalet i högerledet av likhetspåståendet är ett närmevärde, en approximation, av det reella talet i vänsterledet. Likheten är inte exakt, utan *approximativ.*

Dessutom signalerar likhetstecknet och punkterna att det decimaltal som står i högerledet är *den bästa möjliga approximationen* av det reella talet, med innebörden att det är det största decimaltal med just så många decimaler efter decimalkommat, som fortfarande är *mindre än eller lika med* den givna reella talsymbolen. Det bästa närmevärdet till 'en tredjedel' i formen av ett decimaltal med tre decimaler efter decimalkommat, och som är mindre än eller lika med en tredjedel, är just 0,333; detta eftersom

$$3 \cdot 0{,}333 = 0{,}999 < 1 < 1{,}002 = 3 \cdot 0{,}334$$

De fjorton första decimalerna i decimalutvecklingen av π framgår av ovanstående exempel.

Alternativa sätt att utläsa samma påståenden som ovan, och som kan undanröja eventuell förvirring över skrivsättet, vore exempelvis dessa:

$\sqrt{2} = 1{,}414\ldots$

$\rightleftarrows$

"Roten ur två är lika med 1,414 och så vidare"

Kvadratroten ur två beräknat till tre decimaler är 1,414

Decimalutvecklingen av roten ur två till tre decimaler är 1,414

Decimaltalsapproximationen av roten ur två till tre decimaler är 1,414

Approximationen av talet $\sqrt{2}$ med en följd av decimaltal har det bästa närmevärdet 1,414 till tre decimaler.

Decimalsummeföljden till $\sqrt{2}$ har det fjärde elementet 1,414.

Den oändliga *följden av successivt bättre approximationer* till ett givet (positivt) reellt tal r, i formen av just decimaltal vars belopp är mindre än eller lika med r, kallas för det talets **decimalutveckling**.

Var uppmärksam på skillnaden mellan begreppen *decimaltal* respektive *decimalutveckling*. Ett decimaltal är en viss typ av rationellt tal. En decimal–utveckling uppfattar man i matematikvetenskapen däremot som en *oändlig talföljd*, vilket är en helt annan sorts matematiskt objekt än ett enskilt tal. De är objekt av olika datatyp så att säga.

Närmare bestämt betraktar man decimalutvecklingen av ett positivt reellt tal som en **decimalsummeföljd**, en viss typ av talföljd $D_0, D_1, D_2, D_3, \ldots$. Elementet D_0 är alltid ett heltal $N \geq 0$: det är den bästa approximationen av r med "noll decimaler". Till decimalsummeföljden hör en oändlig följd av decimaler $d_1, d_2, d_3, \ldots$, där varje

$d_i \in \{0, 1, 2, 3, 4, 5, 6, 7, 8, 9\}$. Här gäller:

$$\begin{aligned} D_0 &= N \\ D_1 &= N{,}d_1 \\ D_2 &= N{,}d_1 d_2 \\ D_3 &= N{,}d_1 d_2 d_3 \\ \ldots & \;\ldots\; \ldots \end{aligned}$$

Varje D_j, för $j \in \mathbb{N}$, är alltså ett decimaltal, en typ av rationellt tal. Notationen för decimaltal ska förstås tolkas på sedvanligt sätt. För alla $n \in \mathbb{Z}^+$ gäller:

$$D_n = N{,}d_1 \ldots d_n =_{\text{def}} N + d_1 10^{-1} + \ldots + d_n 10^{-n} = N + \sum_{k=1}^{n} d_k 10^{-k}$$

Talföljden $D_0, D_1, D_2, \ldots$ kan med sedvanlig matematisk notation för talföljder också kortfattat betecknas med något av de fyra sätten:

$$\{D_n\}_{n=0}^{\infty} \qquad (D_n)_{n=0}^{\infty} \quad \text{eller bara} \quad \{D_n\} \qquad (D_n)$$

Utläses: ”Följden D–n där n går från noll till oändligheten” eller förkortat ”Följden D–n”.

Exempel 13. (a) Decimalutvecklingen $\{D_n\}_{n=0}^{\infty}$ till bråket $1/3$ är den här talföljden:

$$\begin{aligned} D_0 &= 0 \\ D_1 &= 0{,}3 \\ D_2 &= 0{,}33 \\ D_3 &= 0{,}333 \\ \vdots & \quad \vdots \end{aligned}$$

Den fortsätter på samma sätt utan något givet slut, med upprepning av 3:or. Elementet D_0 är den bästa approximationen av 1 3–del upp till heltal mindre än eller lika med 1 3–del. Elementet $D_1 = 0{,}3$ är den bästa approximationen av $1/3$ upp till ett decimaltal $\leq 1/3$ med exakt en decimal efter decimalkommat. Och så vidare.

(b) De första fyra elementen i decimalutvecklingen av det irrationella talet $\sqrt{2}$ är:

$$
\begin{aligned}
D_0 &= 1 \\
D_1 &= 1{,}4 \\
D_2 &= 1{,}41 \\
D_3 &= 1{,}414
\end{aligned}
$$

Så är till exempel D_3 den bästa decimala approximationen av $\sqrt{2}$ till tre decimalers precision. Det är ett påstående som kan kontrollräknas genom att utföra följande test:

$$1{,}414^2 < 2 < 1{,}415^2 \text{ —?}$$

□

Ett reellt tal som kan uttryckas exakt som ett enda decimaltal säges ha en **ändlig decimalutveckling**. Detta är mest av ett uttryckssätt. Egentligen är, per definition, en decimalutveckling oändlig, därför att dess *objektstyp* är den oändliga talföljden. Men om den oändliga talföljden av decimala siffror så småningom övergår i en upprepning av 0:or utan givet slut (även om efter decimal nr. 150 644 eller något), så är det vanligt att säga att decimalutvecklingen till r är "ändlig" — i vilket fall givetvis $r \in \mathbf{D} \subset \mathbb{Q}$.

Exempel 14. Här är några reella tal med ändlig decimalutveckling:

$$
\frac{1}{2} = 0{,}5 \qquad \frac{1}{4} = 0{,}25 \qquad \frac{1}{5} = 0{,}2
$$

$$
\sqrt{1} = 1 \qquad \sqrt{4} = 2 \qquad \sqrt{9} = 3
$$

För att signalera att decimalutvecklingen är ändlig använder man ibland skrivsättet:

$$\frac{1}{4} = 0{,}25000\ldots$$

De tre 0:orna åtföljda av de tre prickarna "…" signalerar i detta fall, liksom i exemplet med 1/3, att följden av decimaler fortsätter enligt samma mönster, upprepning av 0:or. □

Ett reellt tal som inte kan uttryckas exakt som ett enda decimaltal säges ha en **oändlig decimalutveckling**. Ett reellt tal kan ha en oändlig decimalutveckling av *två helt olika anledningar*. Antingen beror det på att talet är ett bråk som inte kan uttryckas exakt som ett decimaltal, såsom 1/3 eller 22/7. Eller så beror det på att det reella talet är irrationellt, såsom $\sqrt{2}$ eller π. Detta är alltså inte samma anledning till den "oändliga utvecklingen", utan två radikalt olika.

Detta är värt att understryka, eftersom det undanröjer ett vanligt missförstånd:

[7] *Varje irrationellt tal har en oändlig decimalutveckling. Däremot gäller inte det omvända: inte varje tal som har en oändlig decimalutveckling är irrationellt.*

Varje bråk/rationellt tal har däremot en **periodisk** decimalutveckling; här finns en avgörande skillnad. Det betyder att någonstans övergår decimalutvecklingen i en oändlig upprepning av en sekvens siffror (eventuellt "000…"). Detta är unikt för de rationella talen. En periodisk decimalutveckling implicerar alltid ett rationellt tal. En förklaring till periodiciteten går vi igenom i detalj i artikeln "Periodiska decimalutvecklingar" (DFM, III(c)).

Den oändliga decimalutvecklingen till ett bråk som inte går att uttrycka exakt som ett decimaltal kan man bestämma genom att använda någon uppställning för divisionsalgoritmen, såsom kortdivision eller liggande stolen.

Exempel 15. Låt oss decimalutveckla talet 1/7. Med divisionsupp-

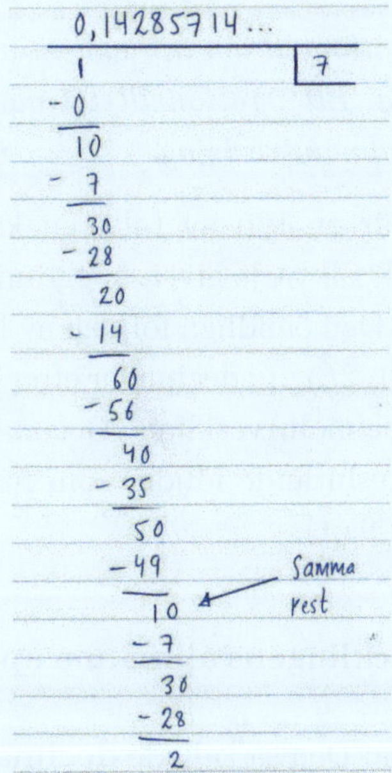

Figur 8: Beräkning av 1/7 genom "liggande stolen". Efter 6 steg i uppställningen återkommer resten 1 (eller 10), så därefter upprepar sig helt enkelt decimalutvecklingen av 1/7.

ställningen "liggande stolen" (se figur 8) får vi att

$$1/7 = 0{,}142857142857142857\ldots$$

Upprepning av perioden sker första gången man erhåller samma rest som vid något tidigare steg i proceduren (se figur 8). Perioden är som vi ser "142857" och inleds direkt efter decimalkommat. Periodlängden är 6 siffror. Decimalutvecklingen av 1/7 kan också skrivas

$$1/7 = 0{,}[142857]$$

□

Sambandet mellan de rationella talen och periodiska decimalutvecklingar är också värt att understryka:

[8] *Ett reellt tal är rationellt om och endast om det har en periodisk decimalutveckling. Ett irrationellt tal måste med andra ord ha en aperiodisk decimalutveckling.*

Alltså: Ett reellt tal är en typ av tal som kan approximeras med bråk, såsom decimaltal, till varje given noggrannhet, alltså inom varje felgräns större än noll. Den oändliga följden av bästa approximationer som decimaltal med $0, 1, 2, 3, \ldots$ decimaler efter decimalkommat kallas för det reella talets decimalutveckling. Decimalutvecklingen är unik (och per automatik uteslutande följder som någonstans övergår i en oändlig upprepning av 9:or).

1.3.7 Decimalutvecklingens allmänna approximationsvillkor

Så, låt oss sammanfatta: Den så kallade **decimalutvecklingen** $\{D_n\}$ till ett givet positivt reellt tal r är nu formellt bestämd av villkoret att decimaltal nummer n i den oändliga följden av närmevärden är *det största decimaltal D_n med n decimaler efter decimalkommat, som fortfarande är mindre än eller lika med r*. För alla $n \in \mathbb{N}$ gäller med andra ord något vi kunde kalla **decimalutvecklingens (allmänna) approximationsvillkor**:

[9] *Låt $r \in \mathbb{R}^+$ och $\{D_n\}$ vara decimalutvecklingen till r. Då är*

$$D_n \leq r < D_n + 10^{-n}$$

för alla $n \in \mathbb{N}$.

Exempel 16. Den irrationella kvadratroten $\sqrt{7} = 2{,}645\ldots$ till tre decimalers noggrannhet. Här gäller, enligt decimalutvecklingens approximationsvillkor:

$$
\begin{aligned}
2 &\leq \sqrt{7} < 3 = 2 + 1 = 2 + 10^0 \\
2{,}6 &\leq \sqrt{7} < 2{,}7 = 2{,}6 + 0{,}1 = 2{,}6 + 10^{-1} \\
2{,}64 &\leq \sqrt{7} < 2{,}65 = 2{,}64 + 10^{-2} \\
2{,}645 &\leq \sqrt{7} < 2{,}646 = 2{,}645 + 10^{-3}
\end{aligned}
$$

□

Hur är det då om man ”vänder på steken”? I läromedlen påstås ju inte bara att varje reellt tal kan decimalutvecklas, men också att varje given decimalsummeföljd motsvarar ett bestämt reellt tal. Så frågan inställer sig:

Fråga 1. Utgående från en given oändlig decimalsummeföljd, vilket reellt tal motsvarar den följden?

— Vi återkommer till denna fråga längre fram.

1.4 Reell aritmetik: aritmetiska operationer i $\mathbb{R}$

1.4.1 Arvsprincipen för $\mathbb{R}$: räknelagar och ordningsegenskaper (ordnad kropp)

Det som, som sagt, gör de reella talen till ett i jämförelse med de rationella talen vidare talbegrepp än det rationella är att man nu också har *tillgång till ett nytt språk* för att handskas med inkommensurabla storheter och abstraherade kvantiteter såsom $\sqrt{2}$ och π. Man kan kalkylera med dessa som man gör med rationella tal: addera, subtrahera, multiplicera, dividera, med mera. Men vad det innebär att ’kalkylera med irrationella tal’ behöver förtydligas. Det är inte *självklart* vad det betyder, bara därför att vi vet vad det innebär att räkna med heltal, bråk och decimaltal.

I utvidgningen av talbegreppet från rationella tal till reella tal, vilka alltså också innefattar irrationella talsymboler, ville man behålla de relationer som framträder vid den geometriska analysen av storleksförhållanden mellan sträckor, rektanglar, rätblock och andra geometriska storheter. Det gäller nu till exempel att arean av en plan rektangel lämnas oförändrad om man byter plats på längden och bredden i den, det vill säga vrider den ett kvarts varv. Detta ger den specifikt *geometriska* bakgrunden och motiveringen av kommutativitet för det allmännare reella talbegreppet (se följande exempel).

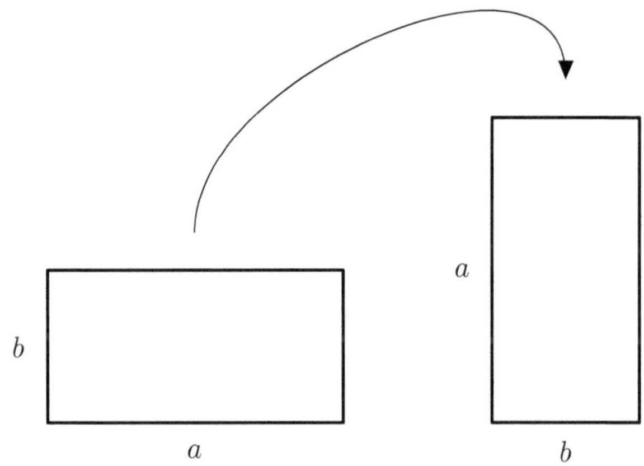

Figur 9: En rektangel som vrids 90° och ställs på högkant. Arean påverkas inte av denna operation: b stycken rader med a enhetskvadrater i varje rad ger lika mycket som a stycken rader med b enhetskvadrater i varje rad. Detta ger den geometriska motiveringen av kommutativitet för de reella talen.

Genom att således betrakta relationer mellan sträckor på en linje, arearelationer mellan rektanglar och volymrelationer mellan rätblock, på ett sätt som är jämförbart med analysen av de positiva heltalens och bråkens egenskaper i rationell aritmetik, motiveras räknelagarna och olika ordningsegenskaper för de reella talen. Och dessa betraktelser kan översättas till motsvarande för visuella diagram för heltal och bråk, såsom punkttanglar och vanliga linjära bråkdiagram. Dessa är de egenskaper som man vid första påseendet ville behålla vid övergången till ett i jämförelse med heltalen och bråken vidare talbegrepp. Man låter de reella talen så att säga ärva motsvarande egenskaper hos de rationella talen.

Dessa resonemang föranleder en central regel för varje möjlig framställning av eller teori för kalkylen med reella tal, som vi kan kalla **arvsprincipen** för $\mathbb{R}$ (eller **arvskriteriet** –):

De positiva reella talen uppfyller åtminstone de räknelagar och ordningsegenskaper som framträder vid den geometriska eller visuellt–symboliska betraktelsen av förhållanden mellan sträckor, areor och volymer av geometriskt enkla figurer, såsom rektanglar och rätblock, och av diagram av typen punkttanglar och bråkdiagram.

I termer av en utvidgning från de rationella talen $\mathbb{Q}$ kan arvsprincipen uttryckas såhär:

[10] *De reella talen uppfyller åtminstone samma fundamentala räknelagar och ordningsegenskaper som de rationella talen. Speciellt gäller att $\mathbb{R}$, liksom $\mathbb{Q}$, åtminstone utgör en algebraisk struktur av typen ordnad kropp under vanlig addition och multiplikation.*

Det är, de reella talen satisfierar de definierande villkoren för den algebraiska struktur som benämns **(linjärt) ordnad kropp**: *kommutativitet, associativitet, distributivitet, existens av neutrala element 0 och 1, existens av additiv invers $(-b)$ (subtraktion är möjligt), existens av multiplikativ invers b^{-1} för nollskilda element (allmän division är möjlig), linjär ordning (transitivitet och trikotomilagen) under $<$ samt slutligen additionslagen och multiplikationslagen för olikheter.* För en repetition av räknelagarna och ordningsegenskaperna för $\mathbb{R}$, sök på begreppen kropp och linjär ordning.

De begrepp om algebraiska strukturer — 'grupp', 'ring', 'kropp', 'ordnad ring' och så vidare — som finns i modern logik och abstrakt algebra har finmejslats fram i processen av matematikvetenskapens utveckling från och med 1800–talet. De innebär, bland annat, ett smidigt sätt att sammanfatta en väldig massa olika aritmetisk–algebraiska samband i ett fåtal axiom, vilka på samma gång då speglar de definierande villkoren för ifrågavarande algebraiska strukturer.

Exempel 17. (a) Addition och multiplikation med reella liksom rationella tal uppfyller kommutativitet, alltså $a + b = b + a$ och $a \cdot b = b \cdot a$.

(b) Den multiplikativa inversen till varje nollskilt element existerar för rationella liksom för reella tal; till exempel kan vi bilda $(\sqrt{2})^{-1}$, vilket är lösningen till den definierande ekvationen ($\sqrt{2}x = 1$) för kvoten $1/\sqrt{2}$.

(c) Givet två rationella eller reella tal a och b tillåter oss arvsprincipen att omedelbart konstatera att minst en men också högst en av följande relationer gäller:

$$a < b \qquad a = b \qquad a > b$$

(d) Om $a < b$ och $c > 0$ (c är ett positivt tal) så är $ca < cb$. □

Ordningsrelationen går, som sagt, också att greppa i geometriska termer. Ur den geometriska ståndpunkten speglas ordningsegenskaperna i relationer mellan räta sträckor (linjesegment). Jämför med ordningsaxiomen: trikotomilagen (c) ovan motsvaras av att givet två sträckor är de antingen lika långa eller så är den ena åtminstone lite längre än den andra; multiplikationslagen (d) för olikheter motsvaras av det geometriska faktum att om en sträcka är kortare än en annan, så kommer denna relation att bevaras vid förlängning/förkortning av sträckorna med samma positiva faktor.

Utifrån olika räknelagar och ordningsegenskaper för $\mathbb{R}$ kan massor med olika allmänna, algebraiska samband härledas rent logiskt–algebraiskt, med egenskapen ordnad kropp som premiss/axiom. Dessutom är dessa allmänna algebraiska räknelagar viktiga att vara klar över i arbetet med att bemästra ekvationer, formler och algebraiska uttryck.

Exempel 18. Låt oss för att illustrera titta på den "räknelag" som kallas för **kvadreringsregeln**:

[11] Teorem. *För alla reella tal a och b gäller att*

$$(a + b)^2 = a^2 + 2ab + b^2$$

Det typiska beviset för kvadreringsregeln med utgångspunkt i räknelagarna går såhär:

Låt $a, b \in \mathbb{R}$. Ur räknelagarna (några av de definierande axiomen för kroppegenskapen) får vi

$$\begin{aligned}(a+b)^2 &= (a+b)(a+b) && \text{definition av upphöjt till 2}\\ &= a(a+b)+b(a+b) && \text{distributiva lagen}\\ &= a^2+ab+ba+b^2 && \text{distributivitet igen}\\ &= a^2+2ab+b^2 && \text{kommutativa lagen}\end{aligned}$$

Beviset är klart.

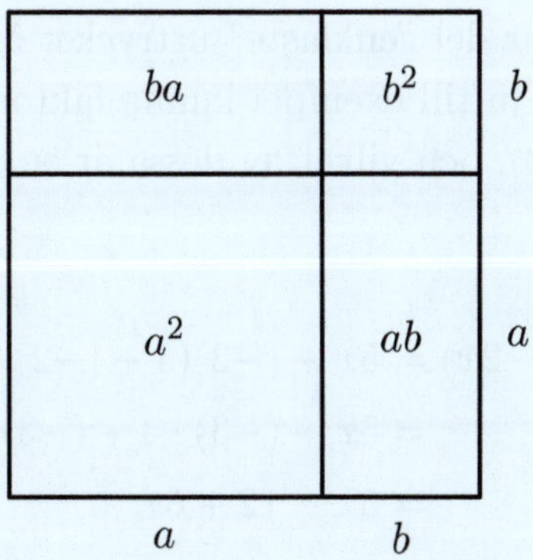

Figur 10: En geometrisk förklaring till kvadreringsregeln. Kvadraten på sträckan $(a+b)$ är precis lika stor som kvadraten på sträckan a, kvadraten på b och två rektanglar ab tillsammans.

En alternativ förklaring (bevisliknande resonemang) till kvadreringsregeln för positiva reella tal är geometriskt och åskådligt. Det framgår av figur 10. □

Exempel 19. En typisk uppgift i läromedlen kan se ut såhär: ”Förenkla uttrycket: –”

(a) $(2x-3)^2-9$ (b) $5x-3(4-2x)$

Lösning: (a) Med räknelagarna och kvadreringsregeln [11] erhåller vi

$$
\begin{aligned}
(2x-3)^2-9 &= (2x+(-3))^2-9 \\
&= (2x)^2+2\cdot 2x\cdot(-3)+(-3)^2-9 \\
&= 4x^2-12x+9-9 \\
&= 4x^2-12x
\end{aligned}
$$

Att *förenkla* ett algebraiskt uttryck betyder ungefär att beräkna det så långt som är möjligt. Det har egentligen ingen strikt matematisk definition, utan är mer av en algebraisk "hantverkskunskap" (som student får man lära sig tyda vad det är läraren eller övningsboken är ute efter). Vad som är det "enklaste" uttrycket är inte alltid uppenbart. Här skulle man ju till exempel kunna faktorisera sista ledet till $4x^2-12x=4x(x-3)$, och vilket av dessa är enklast?

(b) Vi får

$$
\begin{aligned}
5x-3(4-2x) &= 5x+(-3)(4+(-2)x) \\
&= 5x+(-3)\cdot 4+(-3)\cdot(-2)x \\
&= 5x-12+6x \\
&= 11x-12
\end{aligned}
$$

I det här exemplet känns det mer uppenbart att det finns ett enklast möjliga uttryck lika med det i uppgiften givna. □

Samtidigt finns det förstås egenskaper som talsystemet $\mathbb{R}$ har eller tillskrivs, som inte $\mathbb{Q}$ också uppfyller: i annat fall hade det inte funnits någon anledning av införa de reella talen från första början. Arvsprincipen utsäger bara att de reella talen uppfyller *åtminstone* samma räknelagar och ordningsegenskaper som de rationella; men inte att de reella talen inte skulle kunna ha ytterligare egenskaper. En av dessa skiljande egenskaper är (förstås) att varje positivt tal har/tilldelas en kvadratrot, vilket bara i yttersta undantagsfall gäller inom de rationella talen.

En fråga som kan uppstå för en del studenter och lärare är förstås denna:

Fråga 2: "Hur kan man bevisa/förklara de grundläggande räknelagarna och ordningsegenskaperna för reella tal på ett rigoröst, stringent sätt?"

— Vi återkommer till den i slutet av kärninnehållet (avsnitt 1.5.8).

1.4.2 Negativa tal och negativoperatorn (additiv invers) genom talpilsmodellen

Anledningen till att man väljer att använda samma notation '−' för *signum* och *negativet (negativoperatorn)* $(-x)$ till ett tal x som för operationen *subtraktion* är att dessa två naturligt hänger ihop, bland annat på följande sätt:

$$x - y = x + (-y)$$

Dock är bruket av samma notation inte "rent logiskt" nödvändigt, man skulle ha kunnat skriva "$n(3)$" eller "~ 3" eller något, istället för som nu "-3".

Det första steget är helt enkelt att *introducera någon symbol* $\eta(a)$ för positiva tal a, kallad **negativet** till a (alt. *motsatsen* till, *det motsatta talet* till) och vi kallar $\eta(a)$ för ett **negativt tal**. De positiva talen utvidgade med negativa kan vi kalla **kompletteringen** av de positiva, vilket för icke–negativa reella tal ger hela den reella talmängden $\mathbb{R}$. Därefter definierar vi $\eta(\eta(a)) = a$, för positiva tal a. Vi kallar η för **negativoperatorn** och $\eta(x)$ den **additiva inversen** till x, därför att vi speciellt har

$$x + \eta(x) = \eta(x) + x = 0$$

Vanligtvis betecknas förstås $\eta(x)$ med liknande notation som för subtraktion, så att

$$-x \iff_{\mathsf{def}} \eta(x)$$

gäller. Så, till exempel, om $a = 1$ *introducerar* vi 'det negativa talet' $\eta(1)$, också betecknat -1 eller (-1); om $a = 4{,}5$ introducerar vi $-4{,}5$; om $a = \pi$ introduceras $-\pi$ och så vidare. Det kan dock vara bra att påminna sig att det finns fler och alternativa sätt att utläsa skrivsättet för $(-x)$ än som "minus x", då det finns viss risk för förväxling med den binära operationen subtraktion. Exempel:

(-8)

$\rightleftarrows$

minus åtta

negativt åtta

negativet till åtta

den additiva inversen till åtta

motsatsen till åtta

Ett enkelt sätt att sammanfatta räknereglerna för negativa tal och negativoperatorn är med hjälp av den vanliga **talpilsmodellen** för negativoperatorn, i vilken man tänker sig varje reellt tal som en **talpil (vektor)** på tallinjen. Pilen anger en *storlek* (talets *absolutbelopp*) och en *riktning* på tallinjen, och kan alltså tänkas som en 1–dimensionell geometrisk vektor. I stort sett kan de regler som bestämmer talpilsmodellen sammanfattas med att säga att *positiva och negativa tal ska behandlas som 1–dimensionella vektorer på tallinjen*:

(a) Pilen är helt och och hållet bestämd av denna storlek och riktning: två pilar som har samma storlek och riktning motsvarar exakt samma tal (ett identitetskriterium).

(b) Vid addition ska talpilarna adderas precis som geometriska vektorer (man fäster pilens b bas vid pilens a spets). Subtraktion kan återföras till addition med omkastad andra term.

(c) Vid multiplikation ger varje förekomst av η ett halvt varvs vridning på tallinjen (pilen "flippas" över) och produktens storlek är lika med produkten av respektive talpilars absolutbelopp.

Koncist:

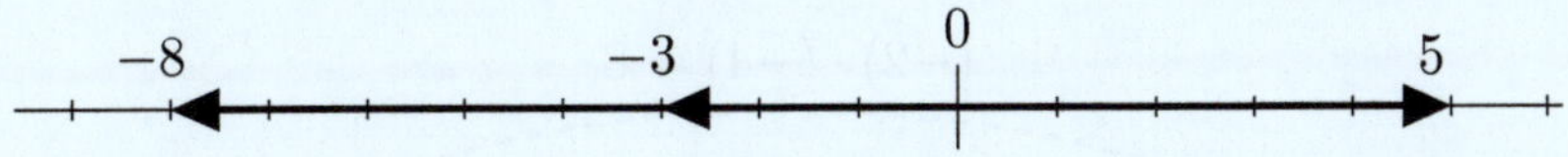

Figur 11: Sammansättning av talpilarna 5 och (−8) enligt vektorregeln [12(b)] resulterar i talpilen (−3).

[12] *Negativoperatorn följer samma regler som talpilsmodellen; negativoperatorn är så att säga synkron med talpilsmodellen.*

Detta är ett slags schematik eller huvudledning för negativoperatorn. Det utgör en reglering som vi kan kalla för **talpilsprincipen för negativoperatorn**. Den är ett användbart verktyg för minnet, för undervisning i matematik och vid problemlösning. Men den är också en viktig logisk–begreppslig anordning. Den är effektiv för att göra sammanhangen mellan räknelagarna för reella tal och negativoperatorn begripliga och överskådliga.

Däremot ska själva begreppen eller metoderna 'negativt tal' och 'additiv invers', med de regler som gäller för opererandet med dessa, skiljas från denna särskilda visuella–geometriska modell och det normala sättet att visualisera de reella talen på en tallinje. Ett reellt tal är som sagt inte ett geometriskt objekt, men geometrin ger ett naturligt och ursprungligt sätt att representera, symbolisera och visualisera talen och samband mellan dem.

Låt oss nu se hur man med talpilsmodellen kan 'lista ut' värdet av och tecken på olika aritmetiska eller algebraiska uttryck, utan att behöva 'veta dem' på förhand.

Exempel 20. Beräkna: (a) $5 + (-8)$ (b) $4 - (-8)$ (c) $(-2) \cdot (-4)$

Lösning: (a) Se figur 11: Sammansättning av talpilarna 5 och (−8) resulterar i en talpil som har storleken 3 i negativ riktning. Ur [12(a)] följer att $5 + (-8) = -3$.

(b) Att subtrahera (−8) från 4 går på ett ut med att addera 4 och den

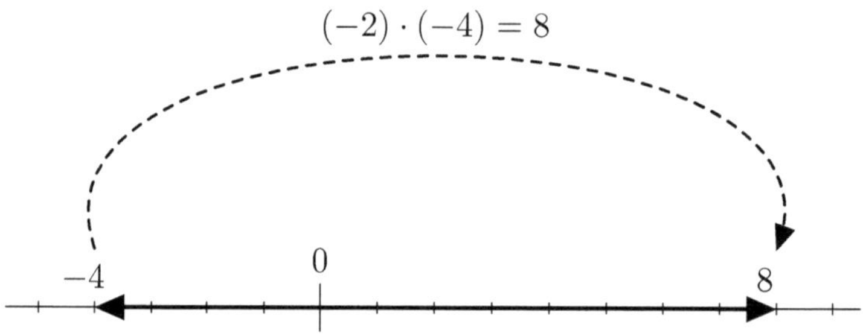

Figur 12: Vridning av talpilen (−4) ett halvt varv och förstoring med en faktor 2 enligt talpilsprincipens vektorregel för multiplikation (c) resulterar i talpilen 8.

till (−8) omkastade pilen. Den till (−8) omkastade pilen är 8. Summan av talpilarna 4 och 8 är 12. Slutsatsen är att $4 - (-8) = 4 + 8 = 12$, som förväntat.

(c) Se figur 12: Produktens storlek är $2 \cdot 4 = 8$. Enligt [12(c)] ska pilen (−4) flippas över ett halvt varv, med resultatet att produkten får positiv riktning. Vi drar slutsatsen att $(-2) \cdot (-4) = 8$.

□

Exempel 20 ger mönsterexempel på hur talpilsprincipen ska tolkas och användas. Lägg märke till att en förekomst av negativoperatorn innebär en vridning ett halvt varv, medan två förekomster innebär vridning ett helt varv, vilket går på ett ut med ingen vridning alls. Det är en sorts förklaring till räkneregeln ”negativt gånger negativt ger positivt”. Att till exempel multiplikation förblir kommutativ vid utvidgning med negativa tal kunde med talpilsprincipen ges ett förklarande resonemang i den här stilen:

1. Enligt vektorregeln (c) för multiplikation har produkten ab samma storlek som produkten $|a| \cdot |b|$ av de reella talens absolutbelopp. Analogt får vi att produkten ba har samma storlek som $|b| \cdot |a|$.
2. Multiplikation med positiva tal är kommutativ, varför $|a||b| = |b||a|$.
3. Ur (1) och (2) följer att talpilarna ab och ba har samma storlek.
4. Om man tänker igenom de olika fall av tecken som är möjliga inser

man att talpilarna *ab* och *ba* dessutom erhåller samma riktning. (Antag till exempel att *a* är negativt och *b* positivt. Enligt talpilsprincipen har då både *ab* och *ba* negativ riktning.)

5. Ur (3) och (4), tillsammans med den allmänna regleringen [12], följer att inte bara *talpilarna* utan även *de reella talen ab* och *ba* är identiska, vilket skulle visas.

□

Jag vill här understryka att talpilsprincipen är *definierande regler* för räkning med negativa tal och negativoperatorn. De reflekterar begreppsliga regleringar eller 'axiom'. Det finns ingenting att bevisa! Vad man kan göra är att *motivera* dem, till exempel med hänvisning till symmetri och speciellt tillämpningar i naturvetenskap och analytisk geometri. Exempel: skuld på kontot, temperatur, hastighet och riktning, avståndsformeln för koordinatsystem, med mera.

Alternativ (A) för sammanfattning av räknereglerna är talpilsmodellens *visuellt–symboliska* metod för framställning. Det är den mer "intuitiva" förståelsen av negativa tal och negativoperatorn, i den betydelsen att den hänger närmare samman med hur vi lär oss räkna med dem från början (i grundskolan), och den ger för de flesta av oss en annan upplevelse av överblick och sammanhang. Man kan också säga att det är en *"geometrisk"* approach, men kopplingen till geometrin är egentligen inte omedelbar, eftersom de diagram man gör sig kan förstås symboliskt och inte nödvändigtvis som något hörande till exempelvis euklidisk geometri. Däremot är ju kopplingen till elementär geometri påtaglig. Detaljerna går vi igenom i dokumentet "Negativa tal och talpilsmodellen: grundläggande idéer och principer" (DFM, III(b)).

Alternativ (B) för en sammanfattning av reglerna för η är att specificera ett urval Σ av räknelagar varur de övriga samband man är intresserad av kan härledas ur den axiomatisk–algebraiska kravspecifikationen. Detta är den *axiomatisk–algebraiska* eller *logisk–algebraiska* approachen, ofta kallad den "formella" eller "logiska" metoden. Det finns nu flera olika vägar man kan ta, men ett första naturligt steg till en algebraisk framställning vore att lista så många olika allmänna räkneregler för positiva tal utvidgade med negativa tal som man bara kan komma på. Denna lista med olika aritmetiska samband eller räkneregler baserar vi då förstås på dels talpilsmodellen (vektormodellen) och dels vår praktiska erfarenhet av att ha studerat och svettats med matematiken på grundläggande nivåer och, kanske, i tillämpningar såsom fysik, kemi och ekonomi. Således kan man säga att dessa är regler som vi "förväntar" oss eller "vill" att negativoperatorn ska uppfylla — så brukar matematiker uttrycka sig.

Ett smidigt urval Σ som åtminstone formellt–algebraiskt sammanfattar allt vi använder i elementär matematik kan kort och koncist artikuleras genom kravspecifikationen att kompletteringen av positiva heltal, rationella tal eller reella tal med negativa tal och talet noll skall resultera i en så kallad *ordnad kommutativ ring med etta, vars mängd av positiva element är precis lika med den positiva talmängd man utgick ifrån* vid kompletteringen. För fler detaljer, se artikeln "Negativa tal och negativoperatorn: den axiomatisk–algebraiska approachen" (DFM III(b)). En ordnad kropp är ett specialfall av ordnad kommutativ ring med etta, en specifikation som även täcker utvidgningen av heltalen med negativa heltal.[15]

Sammanfattning: de regler som i praktiken etablerades för negativa tal utgjorde ett led i en lång historisk process av begreppens, notationens och räknereglernas utveckling, ungefär från medeltid och framåt. Motiveringen och bakgrunden till dem var *lämpligheten* eller *smidigheten* av dessa regler i anslutning till konkret matematisk problemlösning,

[15]Om vi låter $\mathcal{P}$ beteckna något positivt eller icke–negativt talområde och $K(\mathcal{P})$ kompletteringen av $\mathcal{P}$ med negativet till alla element i $\mathcal{P}$, så får vi

$$\mathbb{Z} = K(\mathbb{N})$$
$$\mathbb{Q} = K(\mathbb{Q}^{\geq 0})$$
$$\mathbb{R} = K(\mathbb{R}^{\geq 0})$$

beräkningar och tillämpningar (ekonomi, geometri, algebra). Så det är klart att analysen och återuppförandet (eng. *reenactment*) av negativa tal och deras räkneregler bygger på att det finns en praktik av att räkna så och så som har visat sig nyttigt för olika specifika syften, i annat fall kunde vi inte lika självklart tala om att "vilja" eller "förvänta sig" någonting av en abstrakt symbolintroduktion. (Man kan inte enbart, som görs i en del läromedel, hänvisa till att "man vill kunna lösa" en ekvation som $x + 10 = 5$.) Efter introduktion av en symbol för negativet kan reglerna specificeras genom en visuell–symbolisk metod kallad talpilsmodellen eller genom en axiomatisk–algebraisk strukturspecifikation med därpå följande logiska–algebraiska härledningar.

1.4.3 Utvidgningsprincipen för $\mathbb{R}$ och de fyra räknesätten

Låt oss nu titta på följande typ av:

Fråga 3. Hur gör man för att *faktiskt beräkna värdet* av till exempel en summa eller en produkt där minst en term respektive faktor är ett *irrationellt* tal?

— För att förklara den praktiska princip som besvarar den här frågan, låt oss titta på följande två problem:

Exempel 21. Beräkna summan $7 + \sqrt{5}$ till en noggrannhet av tre korrekta decimaler.

Lösning: Vid numerisk beräkning av uttrycket $7 + \sqrt{5}$ gör man så att man approximerar det irrationella talet $\sqrt{5}$ till sådan noggrannhet att den rationella summan av detta närmevärde till $\sqrt{5}$ och talet 7 ligger inom ett önskat intervall av rationella tal.

1. $\sqrt{5}$ till tre korrekta decimaler är 2,236. Alltså är

$$2{,}236 < \sqrt{5} < 2{,}237$$

(Att $\sqrt{5}$ är strikt större än 2,236 följer av att $2{,}236^2 = 4{,}999696$.)

2. Om vi adderar 7 till alla leden i olikheterna i (1) får vi att

$$\begin{aligned} 7 + 2{,}236 < 7 + \sqrt{5} < 7 + 2{,}237 \\ 9{,}236 < 7 + \sqrt{5} < 9{,}237 \end{aligned}$$

3. Ur rad (2) drar vi slutsatsen att värdet av summan till tre korrekta decimaler är

$$7 + \sqrt{5} = 9{,}236\ldots$$

Beräkningen är klar. □

Exempel 22. Beräkna produkten $5 \cdot \sqrt{3}$ till en noggrannhet av fyra korrekta decimaler.

Lösning: Vid numerisk beräkning av ett uttryck såsom $5\sqrt{3}$ gör man på i princip samma sätt som med summan i föregående problem: man approximerar det irrationella talet $\sqrt{3}$ till sådan noggrannhet att produkten av detta närmevärde och talet 5 ligger inom ett önskat maximalt avstånd från produkten; feluppskattningen görs på sedvanligt sätt med rationella tal.

1. $\sqrt{3}$ till fem korrekta decimaler (för att få lite marginal) är

$$1{,}73205 < \sqrt{3} < 1{,}73206$$

2. Alltså är

$$\begin{aligned} 5 \cdot 1{,}73205 < 5\sqrt{3} < 5 \cdot 1{,}73206 \\ 8{,}66025 < 5\sqrt{3} < 8{,}66030 \end{aligned}$$

3. Ur (2) drar vi slutsatsen att produkten $5\sqrt{3}$ till fyra korrekta decimaler är

$$5\sqrt{3} = 8{,}6602\ldots$$

Beräkningen är klar.

4. Vi kan även göra en kontrollräkning:

$$(5\sqrt{3})^2 = 5^2(\sqrt{3})^2 = 25 \cdot 3 = 75$$
$$8{,}6602^2 = 74{,}99906404$$

Som vi ser är högerleden mycket nära varandra. □

Feluppskattningen vid beräkning med reella tal görs med andra ord *som om det handlade om att bestämma felgränser vid beräkningar med mätvärden till fysikaliska storheter.* Det är alltså inte sagt att beräkningar med reella tal är detsamma som fysikaliska beräkningar, utan att det finns påtagliga analogier. Dessa felberäkningar, oavsett om de utförs för hand (*manuellt*) eller med en dator (*maskinellt*), återförs i slutändan alltid på helt vanlig rationell aritmetik: beräkningar med rationella tal. Baserat på hur man på det här sättet i praktiken går till väga vid faktiska beräkningar med reella tal, kan vi formulera en generell princip för varje utvidgning av en operation, som åtminstone är (kontinuerligt) definierad för rationella tal.

Låt oss härmed använda

$$\star$$

som en variabelsymbol för något av de fyra räknesätten $+, -, \cdot, /$ eller någon annan operation som är kontinuerligt definierad för rationella tal. Den allmänna principen kan vi kalla **utvidgningsprincipen** för $\mathbb{R}$ (eller **utvidgningskriteriet** –)[16]:

[13] *Låt a och b vara reella tal. Om $a = q_a \pm \varepsilon_a$ och $b = q_b \pm \varepsilon_b$, så är $q_a \star q_b$ ett närmevärde till $a \star b$ inom felgränsen $\varepsilon^\star$ (eller felgränserna $\varepsilon_1^\star, \varepsilon_2^\star$). Felgränsen $\varepsilon^\star$ är en funktion av approximationerna till a och b, och dessutom gäller att denna funktion går mot noll då felgränserna ε_a och ε_b i närmevärden närmar sig noll.*

[16] För att understryka att $\varepsilon^\star$ är en funktion av a, b, ε_a såväl som ε_b vore ett för matematisk analys typiskt skrivsätt $\varepsilon^\star = \varepsilon^\star(a, b, \varepsilon_a, \varepsilon_b)$.

Antag exempelvis att operationen $\star$ är addition ($\star = +$). Då är

$$\varepsilon^+ = \varepsilon_a + \varepsilon_b$$

Detta inses baserat på en analys av värsta–fall–scenario för approximationen $q_a + q_b$ till det reella talet $a + b$; helt i analogi med motsvarande värsta–fall–analys för summan av två fysikaliska mätvärden med givna felgränser.

Ovanstående två problem utgör alltså konkreta exempel på användning av utvidgningsprincipen. Låt oss titta på två ytterligare exempel:

Exempel 23. Enligt uppgift är det reella talet $a = 3{,}6 \pm 0{,}2$ och $b = 17{,}2 \pm 0{,}1$. Beräkna: (a) $a + b$ (b) $a - b$ (c) $a \cdot b$

Lösning: (a) $a + b = (3{,}6 \pm 0{,}2) + (17{,}2 \pm 0{,}1) = (20{,}8 \pm 0{,}3)$

I detta fall är operationen $\star = +$ och $\varepsilon^+ = \varepsilon_a + \varepsilon_b = 0{,}2 + 0{,}1 = 0{,}3$.

(b) $a - b = (3{,}6 \pm 0{,}2) - (17{,}2 \pm 0{,}1) = -13,6 \pm 0{,}3$

Felgränsen $\varepsilon^- = \varepsilon^+ = 0{,}3$.

(c) 1. $q = 3{,}6 \cdot 17{,}2 = 61{,}92 \approx 61{,}9$ är ett närmevärde till ab inom ett visst felintervall. Låt oss försöka bestämma detta intervall.

2. Det minsta möjliga värde som ab kan ha givet informationen om närmevärdena till a och b är

$$(3{,}6 - 0{,}2) \cdot (17{,}2 - 0{,}1) = 3{,}4 \cdot 17{,}1 = 58{,}14$$

3. Det största möjliga värde ab kan ha är

$$(3{,}6 + 0{,}2) \cdot (17{,}2 + 0{,}1) = 3{,}8 \cdot 17{,}3 = 65{,}74$$

4. Vi får att $\varepsilon_1^\times = 61{,}92 - 58{,}14 = 3{,}78 \approx 3{,}8$.

5. $\varepsilon_2^\times = 65{,}74 - 61{,}92 = 3{,}82 < 3{,}9$.

6. Om vi sätter $\varepsilon = 3{,}9$ har vi åtminstone närmevärdet

$$ab = 61{,}9 \pm 3{,}9$$

Som vi ser sprider sig felet mycket mer vid multiplikation än vid addition och subtraktion. □

Exempel 24. Hur stort kan felet vara i en beräkning av omkretsen för en cirkelbana med diametern 1000 m, ifall man använder ett närmevärde till π med två korrekta decimaler?

Lösning: 1. Påståendet att π är 3,14 till två decimaler medför att $3{,}14 < \pi < 3{,}15$.

2. Multiplikation av olikheten i (1) med 1000 ger

$$1000 \cdot 3{,}14 < 1000 \cdot \pi < 1000 \cdot 3{,}15$$
$$3140 < 1000\pi < 3150$$

3. Rad (2) medför att felet i beräkningen som högst kan vara 10 meter. □

Exempel 25 (fysik). Newtons andra lag definierar ett samband mellan den klassiska mekanikens begrepp kraft, massa och acceleration (hos en partikel/kropp):

$$F = ma$$

Antag att $F = \sqrt{5}$ N och $m = 3{,}31$ kg. Beräkna accelerationen a m/s^2.

Lösning: 1. Vi kan välja ett närmevärde till $\sqrt{5}$ till tre decimaler:

$$\sqrt{5} = 2.236\ldots$$

2. Massan är angiven med tre gällande siffror, varför vi enligt konventionen för gällande siffror utgår ifrån att den sista siffran är osäker, med följande felgränser:

$$m = 3.31 \pm 0.01 \text{ kg}$$

3. I det undre värsta–fall–scenariot får vi

$$a = F/m \approx 2.236/3.30 = 0.67757\ldots$$

4. I det övre värsta–fall–scenariot får vi istället

$$a = F/m \approx 2.236/3.32 = 0.67349\ldots$$

5. Med två decimalers noggrannhet har vi att $a = 0{,}67\ \mathrm{m/s^2}$. □

Exempel 26 (ellära). En (cirkelrund) elsladd har radien 1,2 mm, är 60,0 cm lång och är tillverkad av koppar (Cu). Vilken total resistans har koppartråden?

Lösning: I grundläggande elektricitetslära finns ett empiriskt samband mellan resistansen och ledarens längd l, (genomsnittlig) tvärsnittsarea A samt en materialspecifik konstant ρ kallad *resistiviteten* (för koppar, järn, wolfram, etc.). Sambandet består i följande formel:

$$R = \frac{\rho \cdot l}{A}$$

Enligt uppgift har vi $r = 1.2$ mm och $l = 60$ cm $= 0.60$ m. Ur tabell får vi den funna resistiviteten för koppar:

$$\rho = \rho(\mathrm{Cu}) = 0.0172\ \ \Omega \cdot \mathrm{mm}^2/\mathrm{m}$$

Tvärsnittsarean får vi med cirkelns areaformel:

$$A = \pi \cdot r^2 \approx 3.14159 \cdot 1.2^2 = 4.5238\ldots \approx 4{,}524\ \mathrm{mm}^2$$

Insättning i formeln för resistansen ger nu

$$R = \frac{0.0172 \cdot 0.60}{4.524} = 0.0022811\ldots \approx 0.00228\ \Omega = 2.28\ \mathrm{m}\Omega$$

Svar: Koppartråden har förväntad resistans 2,28 milliohm. □

Genom en utvidgning av rationell aritmetik erhåller vi så *reell aritmetik*. Och själva kärnan, den bärande idéen i den är *approximationen*.

En approximation som görs med rationella tal och i synnerhet decimaltal. — Det är i den här meningen man kan kalkylera med reella tal (och utföra massiva numeriska datorberäkningar med dem).

1.4.4 Kvadratrötter: approximationsregeln och några räknelagar

Kvadratroten ur ett icke–negativt reellt tal a definieras således som det icke–negativa reella tal b som är sådant att $b^2 = a$. Den sedvanliga beteckningen för kvadratroten är

$$\sqrt{a}$$

I vissa fall är kvadratroten ett rationellt tal, men det vanligaste fallet är att kvadratroten är irrationell.

Exempel 27. Här är några exempel på rationella kvadratrötter:

$$\sqrt{0} = 0; \quad \sqrt{1} = 1; \quad \sqrt{4} = 2; \quad \sqrt{9} = 3$$
$$\sqrt{0{,}01} = 0{,}1; \quad \sqrt{0{,}04} = 0{,}2; \quad \sqrt{0{,}09} = 0{,}3$$
$$\sqrt{4/25} = 2/5; \quad \sqrt{9/64} = 3/8; \quad \sqrt{25/49} = 5/7$$

□

Exempel 28. $\sqrt{2}, \sqrt{3}, \sqrt{5}, \sqrt{7}, \sqrt{11}$ är exempel på irrationella heltalsrötter. Ingen av dem kan uttryckas exakt som ett enda bråk. Faktum är att roten ur ett primtal alltid är irrationell (för bevis av detta, se artikeln ”Klassifikation av irrationella heltalsrötter”, DFM II och III(c)). □

Den formella förutsättningen för att ovanstående definition ska vara väl ställd, alltså att kvadratroten är väldefinierad, är följande påstående, som enligt modern matematik är ett giltigt påstående (teorem) om de reella talen:

[14] *För varje positivt reellt tal a existerar ett entydigt bestämt positivt reellt tal $\sqrt{a}$ med egenskapen att $(\sqrt{a})^2 = a$.*

Det följer att ekvationen

$$x^2 = a$$

är lösbar i $\mathbb{R}$ för varje $a \geq 0$, vilket helt enkelt är ett annat sätt att formulera [14].

En fråga som förstås kan och kommer att uppstå är

Fråga 4. Hur kan man bevisa påstående [14]?

Man kan dela upp analysen av [14] i två delpåståenden: (i) Hur vet vi att det överhuvudtaget finns ett tal med egenskapen $b^2 = a$ för godtyckligt a? Samt (ii) hur vet vi att det är entydigt bestämt? Vi antyder redan här i någon mån hur man kan närma sig fråga (i), men fördjupar oss mer i både (i) och (ii) i avsnitt 1.5, särskilt 1.5.3 och 1.5.4.

På grund av hur negativa tal och räkning med negativoperatorn $(-a)$ är definierade är produkten av två negativa tal alltid positiv. Givetvis är kvadraten på varje positivt tal också positiv. Det medför att det inte finns något reellt tal vars kvadrat är negativ. Alltså är det heller inte möjligt att dra kvadratroten ur negativa tal, så länge man rör sig inom det reella talsystemet. Om man däremot går över till de komplexa talen $\mathbb{C}$, en algebraisk *kroppsutvidgning* av de reella talen, så är det 'möjligt'. Alltså: *inom det reella talområdet är kvadratroten ur ett negativt tal odefinierad.* Om man, av någon anledning, behöver kunna handskas med kvadratroten ur ett negativt tal så får man gå över till det utvidgade talområdet komplexa tal. De komplexa talen är mycket påtagligt en sorts matematisk uppfinning, i likhet med introduktionen av negativa tal. De utgör ett användbart verktyg både i viss matematisk problemlösning och i olika sorters tillämpningar av matematik, såsom datorgrafik, elektronik och kvantfysik.

Den praktiska fråga vi nu slutligen har kommit fram till och behöver ställa oss är:

Fråga 5. ”Men hur gör man för att *faktiskt beräkna* kvadratroten, i det fall denna inte är rationell?”

— Låt oss titta på några exempel, där vi bestämmer närmevärden till kvadratroten ur ett positivt heltal:

Exempel 29. Beräkna $\sqrt{7}$ till två decimaler.

Lösning: 1. Vi börjar med att uppskatta $\sqrt{7}$ upp till heltal. Det största heltal vars kvadrat *är mindre än eller lika med* 7 är 2:

$$2^2 = 4 < 7 < 3^2 = 9$$

Upp till heltal är 2 det bästa närmevärdet till $\sqrt{7}$.

2. Nu uppskattar vi roten till en decimal (efter decimalkommat). Låt oss pröva med 2,5 och sedan gå uppåt eller nedåt:

$$2{,}5^2 = 6{,}25 < 7$$
$$2{,}6^2 = 6{,}76 < 7$$
$$2{,}7^2 = 7{,}29 > 7$$

Stopp! $\sqrt{7}$ upp till en decimal är alltså 2,6.

3. Slutligen till två decimaler. Låt oss pröva med 2,65 och sedan gå uppåt eller nedåt:

$$2{,}65^2 = 7{,}0225 > 7$$
$$2{,}64^2 = 6{,}9696 < 7$$

Stopp.

4. Slutsats: $\sqrt{7}$ till två decimaler är 2,64, eller, $\sqrt{7} = 2{,}64\ldots$ □

Ovanstående är ett exempel på en metod för beräkning av kvadratroten ur ett tal inom en viss angiven felgräns eller till si och så många decimaler. Det är inte den mest effektiva metoden för beräkning av kvadratroten, men den fungerar och den visar på något av rent principiell betydelse. Lägg nämligen märke till att approximationsregeln (–villkoret, –metoden) här har innebörden att om kvadraten på ett givet decimaltal är mindre än 7, så är det *tillåtet att säga* att decimaltalet är mindre än $\sqrt{7}$; om kvadraten är större än 7, så är det tillåtet att säga att decimaltalet är större än $\sqrt{7}$.

Den algoritm som skissas i exempel 29 är relativt lätt att implementera på en dator (skriva ett datorprogram för). Det finns andra algoritmer för beräkning av närmevärden till kvadratroten ur ett tal, som tillåter manuell uppställning i likhet med liggande stolen och andra metoder för division. Jag överlåter på den läsare som är intresserad att fördjupa sig i detta ämne på egen hand.

På liknande sätt som med de fyra räknesätten kan vi nu, baserat på ovanstående och andra liknande paradigmexempel, formulera en generell princip eller regel för hur symbolen 'kvadratroten ur' får användas för reella tal. Såhär lyder, vad vi här kallar för, **approximationsregeln för kvadratrötter**:

[15] *Låt a vara ett positivt reellt tal. Då gäller att*

$$q_1 < \sqrt{a} < q_2 \iff q_1^2 < a < q_2^2$$

för alla positiva rationella tal q_1 *och* q_2.

I det fall $q^2 = a$ för något positivt rationellt tal q gäller per definition att $q = \sqrt{a}$; principen [15] *tar hand om* det irrationella fallet. Denna regel är egentligen allt man behöver ha med sig för att kunna bestämma kvadratroten till si och så många decimaler.

Genom att på scenen introducera en symbol $\sqrt{2}$, $\sqrt{3}$, $\sqrt{5}$, och utvidga de rationella talen med den är dess 'existens' garanterad av själva talsymbolen och reglerna för dess approximation: 'hur mycket' kvadratroten ur två är kan approximeras, i enlighet med ovanstående schema för närmevärdesberäkning, och denna approximationsmetod rymmer inte någon *matematisk* gräns för hur litet felet i närmevärde kan bli — förutom noll. Var uppmärksam på att vi lika gärna hade kunnat formulera reglerna för kvadratrotsapproximation i den här stilen:

Om $q_1^2 < a < q_2^2$*, för några positiva rationella tal* q_1 *och* q_2*, så är det tillåtet att säga att "*q_1 *är mindre än kvadratroten ur* a*" och "kvadratroten ur* a *är mindre än* q_2*".*

Skillnaden består i att medan [15] faktiskt utgör en sats av formen 'teorem i matematisk analys', så håller sig det senare påståendet inte inom de *lingvistiska former* som den matematiska satsen normalt anpassas till. Men alltjämt har vi att göra med något liknande en definition eller axiom för kvadratrötter: en grammatisk anmärkning med Wittgensteins ord.

Exempel 30. Vi har att

$$1{,}41^2 = 1{,}9881 < 2$$

och

$$(1{,}41 + 0{,}01)^2 = 1{,}42^2 = 2{,}0164 > 2$$

Enligt approximationsregeln för kvadratrötter är $1{,}41 < \sqrt{2} < 1{,}42$. Med andra ord är $\sqrt{2}$ beräknat till två decimaler 1,41. □

I arbetet med att lära sig elementär algebra är det dessutom viktigt att behärska några allmänna **räkneregler för kvadratrötter**:

[16] Teorem. *Låt a och b vara positiva reella tal. Då är:*

(a) $\sqrt{a} \cdot \sqrt{b} = \sqrt{a \cdot b}$

(b) $\sqrt{a}/\sqrt{b} = \sqrt{a/b}$

Bevis för dessa samband består i att visa att vänsterledet i (i) respektive (ii) uppfyller definitionen av kvadratroten i högerledet:

[16(a)]: Enligt de räkneregler för $\mathbb{R}$ som arvsprincipen medger har vi att

$$VL^2 = (\sqrt{a} \cdot \sqrt{b})^2 = (\sqrt{a} \cdot \sqrt{b}) \cdot (\sqrt{a} \cdot \sqrt{b}) = (\sqrt{a})^2 \cdot (\sqrt{b})^2 = ab$$

Eftersom kvadratroten ur ett reellt tal är entydigt bestämd enligt [14] följer att VL = HL.

[16(b)]: Visas i analogi med påstående (a).

□

Exempel 31. Beräkna: (a) $\sqrt{40}\cdot\sqrt{0{,}4}$ (b) $\sqrt{1000}/\sqrt{10}$

Lösning: (a) Ur [16] följer att

$$\sqrt{40}\cdot\sqrt{0{,}4}=\sqrt{40\cdot 0{,}4}=\sqrt{4\cdot 10\cdot 4\cdot 0{,}1}=\sqrt{4^2}=4$$

(b) $\sqrt{1000}/\sqrt{10}=\sqrt{1000/10}=\sqrt{100}=\sqrt{10^2}=10$

□

Exempel 32. Förenkla det algebraiska uttrycket

$$\frac{\sqrt{18ab^2}}{\sqrt{2a}}$$

för $a, b > 0$.

Lösning: Räknelagar för de fyra räknesätten och kvadratroten ger:

$$\frac{\sqrt{18ab^2}}{\sqrt{2a}}=\sqrt{\frac{18ab^2}{2a}}=\sqrt{9b^2}=\sqrt{9}\cdot\sqrt{b^2}=3b$$

Mer än så går inte att förenkla. □

Exempel 33 (geometri). Två punkter i planet har koordinaterna $P=(x,3)$ respektive $Q=(2,-1)$. Bestäm x så att avståndet mellan P och Q är 8 enheter.

Lösning: 1. Ur Pythagoras sats fås följande avståndsformel för planet:

$$d(P,Q)=|PQ|=\sqrt{(x_2-x_1)^2+(y_2-y_1)^2}$$

där $P=(x_1,y_1)$ och $Q=(x_2,y_2)$ är två punkter i ett vanligt cartesiskt koordinatsystem.

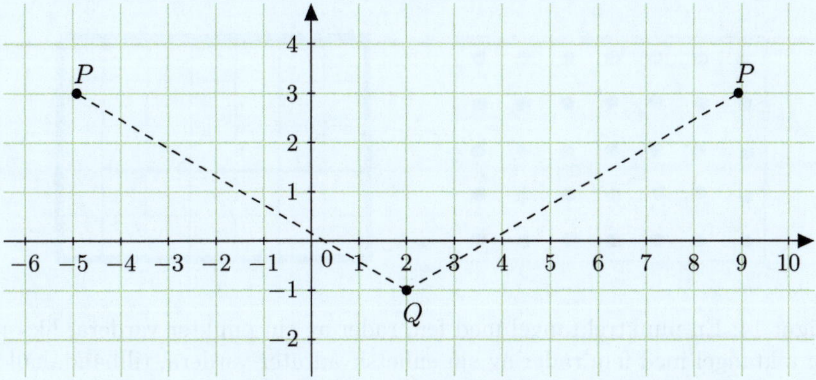

Figur 13: Exempel 33, problemlösning via avståndsformeln.

2. Insättning av våra koordinatvärden i den allmänna formeln ger

$$|PQ|^2 = (x-2)^2 + (3-(-1))^2 = (x-2)^2 + 16$$

3. Vi sätter avståndet lika med 5 och löser ekvationen i (2) för x:

$$\begin{aligned} 8^2 &= (x-2)^2 + 16 \\ 48 &= (x-2)^2 \\ \pm\sqrt{16 \cdot 3} &= x - 2 \\ x &= 2 \pm 4\sqrt{3} \end{aligned}$$

4. Vi får två lösningar till problemet, antingen $x_1 = 2 + 4\sqrt{3} = 8.928\ldots$ eller $x_2 = 2 - 4\sqrt{3} = -4.928\ldots$ (se figur 13). □

1.4.5 Hur kan man förklara/bevisa räknelagar och ordningsegenskaper för reella tal?

Det finns olika sätt att närma sig räknelagarna och ordningsegenskaperna för reella tal inom den teoretiska reflektionen.

Till att börja med kan den sorts 'geometriska' förklaring som görs i termer av kontinuerliga sträckor, rektanglar och rätblock fattas i

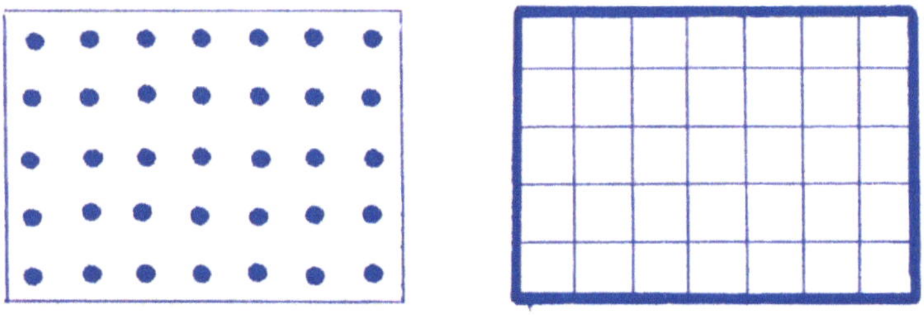

Figur 14: En punktrektangel med fem rader av sju punkter vardera, liksom en rektangel med fem rader av sju enhetskvadrater vardera, tillhandahåller ett mönsterexempel till den kommutativa lagen för multiplikation med positiva heltal. Fem rader av punkter med sju i varje räknar precis lika många enheter som Sju kolonner av punkter med fem i varje.

en vidare bemärkelse, där enhetssträckan, enhetskvadraten respektive enhetskuben tas som *symboliska bilder av den delbara enheten.* Så exempelvis är rektangeln som ett visuellt diagram för multiplikation (med positiva bråk, etc) i sig själv inte en del av det fält av traditionell matematik som kallas geometri, även om kopplingen till geometrin och areaformlerna är transparent. Vad gäller räknelagarna för bråk går det bra att utnyttja vanliga *bråkdiagram*, för att ge en bakgrund och förklaring till dem (t.ex. hur man kan motivera produktformeln såsom val av definition av produkten av två bråk).

I det fall man bara har att göra med positiva heltal går det också bra att överblicka sambanden med hjälp av *"punkttanglar"*, eller därmed liknande diskreta diagram i två eller tre dimensioner. Med punkttanglar avses här scheman av punkter på pappret (eller i den exakta fantasin), såsom matriser av punkter i formerna av rektangel eller rätblock, varvid räknelagarna belyses genom att man tänker i termer av det totala antalet punkter matriserna innehåller. Varje punkt representerar då ett av de objekt som räknas, vare sig det är äpplen, kronor, får, energienheter, eller något annat.

I figur 14 visas ett exempel på en punkttangel som illustrerar den kommutativa lagen för multiplikation. Figuren kan ackompanjeras av ett resonemang i följande stil, här ytterligare förtydligat genom att vi spaltar upp det i bevisrader. Påståendet är alltså att

[*] *För alla positiva heltal m och n gäller att*

$$mn = nm$$

Här är en elegant matematisk förklaring, som samtidigt är ett exempel på vad som brukar kallas ett *visuellt bevis/bildbevis* och *intuitivt bevis*:

1. Låt oss som en illustration (ett paradigmexempel) sätta $m = 5$ och $n = 7$ enheter.

2. Rita en punktrektangel med bredden fem och längden sju punkter, såsom i figuren (figur 14).

3. Det totala antalet punkter i punkttangeln kan vi nu räkna på (minst) två olika sätt: Antingen kan vi lägga ihop raderna — detta motsvarar antalet 5 gånger 7. Eller så kan vi lägga ihop kolonnerna i punktrektangeln — detta motsvarar antalet 7 gånger 5 enheter. Oavsett vilket får vi förstås exakt samma totala antal punkter, men räknade på två olika sätt (längs med två olika stigar).

4. Slutsatsen av resonemanget i rad (3) är att:

$$5 \cdot 7 = 7 \cdot 5$$

5. Men: en liknande illustration som i rad (1)–(4) kan man tänka sig göra för vilka par av positiva heltal som helst. Vi kunde ha låtit m vara 42 och n vara 365 eller vilka som helst andra positiva heltal, och sedan ritat däremot svarande punktrektangel (om inte annat i den matematiska fantasin). Alltså gäller sambandet för alla val av positiva heltal m och n. Det vill säga, likheten

$$mn = nm$$

gäller generellt, för godtyckliga $m, n \in \mathbb{Z}^+$.

Resonemanget (1)–(5) är alltså ett av flera möjliga sätt att kasta ljus över kommutativiteten. Ett slags bildbevis och matematisk förklaring genom paradigmexempel. Ett alternativt resonemang baseras på *en vridning av hela punkttangeln ett kvarts varv* (90°), varvid man endast räknar utmed raderna alternativt kolonnerna, jämför med figur 9. Det totala antalet punkter lämnas hur som helst oförändrat av vridningen. Slutligen, om $m = 0$ eller $n = 0$ så följer förstås att $mn = nm$ trivialt. □

Det konkreta exempel vi gav ovan, där vi satte m till 5 och n till 7 och ritade figuren, är alltså ett **paradigmexempel**. Man kan också säga *mönsterexempel* eller *ledexempel* (ordet ”paradigm” betyder bokstavligen mönster eller mönsterexempel). I **analogi** med paradigmexemplet kan man sedan *tänka sig hur man upprepar liknande resonemang för alla andra specialfall* (ordet ”analog” betyder som liknar, liknande). Paradigmexemplet *uppvisar ett allmänt mönster i och trots det speciella* som exemplet utgör. Det allmänna lyser liksom igenom det speciella. Inte bara på så sätt att vi ser det som ”troligt” att mönstret gäller för alla fall, utan att *vi förstår varför* något gäller i matematiken, varför man räknar eller resonerar på det och det sättet. Resonemanget *kastar ljus* över sambandet, både som historisk realitet och som rimlig framtid. Det hjälper oss att *få syn på det förnuftiga* i ett visst sätt att räkna eller tänka i matematiken.

Vidare: Den visuella, ”geometriska” eller ”intuitiva” bakgrunden är ett sätt att se på räknelagarna. Det är ett perspektiv som absolut inte kan utelämnas, av didaktiska skäl, men också av filosofiska anledningar skulle jag vilja säga. Däremot är det *också* bra att se hur man kan närma sig de matematiska egenskaperna hos de olika reella taltyperna ”formellt”, eller kanske mer precist *axiomatiskt–algebraiskt*. Den senare approachen är vad som i samtida matematikvetenskap generellt betraktas som den mer ”rigorösa” eller ”stringenta”.

Till att börja med kan räknelagarna för rationella tal (bråkräkningens regler) etableras, givet ett litet fåtal axiom och definitioner. Till dessa grundläggande regleringar för bråkräkningen hör exempelvis:

(1*) det *identitetskriterium för rationella tal*, som säger att två bråk får identifieras under likhetstecknet om och endast om det ena kan förlängas till det andra med någon heltalsfaktor $n \neq 0$.[17]

(2*) *additionsprincipen för bråk på gemensam nämnare*

$$\frac{a}{c} + \frac{b}{c} = \frac{a+b}{c}$$

(3*) *produktformeln för bråk.*

$$\frac{a}{b} \cdot \frac{c}{d} = \frac{ac}{bd}$$

Så får vi exempelvis ett algebraiskt (axiomatiskt–deduktivt) bevis för att multiplikation är kommutativ i $\mathbb{Q}$ på följande vis:

1. För alla bråk:

$$\frac{a}{b} \cdot \frac{c}{d} = \frac{ac}{bd} = \frac{ca}{db} = \frac{c}{d} \cdot \frac{a}{b}$$

eftersom operationen '$\cdot$' är kommutativ i $\mathbb{Z}$.

Och på liknande sätt med övriga räknelagar (kroppvillkor) rörande $\mathbb{Q}$.

Hur är det då med möjligheten av att framställa räknelagarna för $\mathbb{R}$ logiskt–algebraiskt, i analogi med vad som utförts för talområdet $\mathbb{Q}$? — Här finns lite olika approacher och synvinklar. Å ena sidan har vi (a) de **mängdteoretiska konstruktioner** som läggs fram av Dedekind, Cantor, med flera, under andra halvan av 1800–talet (> 1870). Å andra sidan kan man (b) välja att direkt försöka specificera en liten mängd av axiom/postulat för de reella talen, varur allt eller det mesta av det övriga man behöver för algebran & analysen kan härledas logiskt–algebraiskt. Det i moderna läromedel i högre analys och algebra absolut vanligaste sättet att karakterisera $\mathbb{R}$ axiomatiskt–algebraiskt är som en **fullständigt (linjärt) ordnad kropp**, vad man kunde förkorta **FLOK**.

[17] Ett kriterium som i litteraturen kring algebra, mängdlära och logik ofta(st) omformuleras till ett annat identitetskriterium: $a/b = c/d \iff ad = bc$.

Samtidigt hänger (a) och (b) ihop med varandra, på så sätt att varje mängdteoretisk konstruktion kan betraktas som helt enkelt ett sätt att göra en rent *mängdteoretisk modell* av axiomlistan för $\mathbb{R}$, av vilket värdet kan vara att visa axiomatiseringens relativa motsägelsefrihet. Man kan också höra sägas att exempelvis dedekindkonstruktionen bevisar den fullständigt ordnade kroppens ”existens”.

Dessutom kan man bevisa att den fullständigt ordnade kroppen är *unik upp till isomorfi*, det vill säga att alla strukturer av typen FLOK är isomorfa. Detta är innebörden av *kategoricitet* för FLOK och utgör en *karakterisering* av $\mathbb{R}$. För fler detaljer, se relevant artikel ur DFM III(c) alternativt Robert Stoll, *Set Theory and Logic*.

Ett alternativt sätt att axiomatisera de reella talens kalkyl, som skulle kunna vara intressant att utforska för någon läsare, är att utgå från den sorts beskrivning i termer av approximationsprincipen som görs här. Det är en beskrivning som närmare speglar befintlig praxis av att operera med reella tal som en viss kategori av genom praktiken givna matematiska symboler och scheman. Själva grundritningen eller principskissen för en algebraisk härledning av till exempel den kommutativa lagen inom en sådan axiomatisk–symbolisk approach skulle då utgå från den typ av premisser som exempelvis approximationskriteriet utgör:

> Produkten ab kan approximeras med en produkt av rationella tal q_1q_2, till varje given noggrannhet $\varepsilon > 0$. Men samma produkt $q_2q_1 = q_1q_2$ kommer också att vara en approximation till ba inom samma felgräns. Alltså är ab och ba som symboler oskiljaktiga upp till bråk. Det följer att $ab = ba$ (enligt ett identitetskriterium för de reella talen).

Här ser vi skissen till en *”axiomatisk–semiotisk”* approach till det axiomatiska studiet av de reella talens kalkyl — eller vad man nu ska kalla det — vilket, om inte annat, eventuellt kan vara av intresse för undervisningen i matematik på någon nivå. (Kanske ett eventuellt projektarbete för någon student.)

1.5 Mer om grundläggande kriterier i de reella talens kalkyl: approximation, identitet, existens

1.5.1 Några anmärkningar om approximationskriteriet

Approximationsprincipen är alltså vad vi — i modern matematik — i praktiken tar som det fundamentala kriteriet på att något X överhuvudtaget *ska kallas för* ett reellt tal. Det är en fundamental regel i den moderna matematikens språkspel.

Med approximationskriteriet rör vi oss mot något sådant som en "väsensdefinition", att fånga "essensen" i ett begrepp, som man talade om i den grekiska och medeltida filosofin. Display [5] har, såvitt jag kan se, karaktären av vad filosofen Wittgenstein (kanske) kunde ha kallat en *"grammatisk anmärkning"*.

Antag till exempel att vi befann oss i tvivelsmål beträffande huruvida den kvantitativa matematiska symbolen/objektet π verkligen är möjligt att approximera entydigt till varje given noggrannhet $\varepsilon > 0$. Det vore i så fall inte helt självklart huruvida vi vore beredda att säga att (i) "Objektet π *är trots allt* inte ett reellt tal, fastän vi levde i den övertygelsen" eller (ii) "*Det finns faktiskt* reella tal som saknar den önskade egenskapen approximerbarhet med bråk". — Vad vore det rätta att säga? — Naturligtvis är det ingen matematiker som på allvar tror att just denna situation skulle uppstå beträffande π. Det är ett fantasifullt tankeexperiment för att illustrera en begreppslig poäng.

Vi rör oss därmed med olika *kollektiva beslut* som gäller för en viss term i matematiken eller matematikvetenskapen, i detta fall 'reellt tal'. Det är beslut som endast kan fattas i den språkliga, matematiska och vetenskapliga praktiken. En praktik vars faktiska formningsprocess kan vara en komplicerad historia. Och det betyder inte 'beslut' i betydelsen att man satt sig ned kring ett bord och klubbat igenom "hädanefter döper jag dig till...", och inte heller att det är något godtyckligt över det. Det är mycket genomtänkt och det reflekterar ett möjligt sätt att bygga vidare på matematiken. Det är lika litet godtyckligt som de 'val' som görs i ett konstnärligt arbete.

1.5.2 Approximationskriteriet i termer av storleksrelationen. Samband med linjäriteten

Att ett reellt tal a "på ett entydigt sätt låter sig approximeras med bråk inom varje given felgräns större än noll", är matematiskt helt ekvivalent med ett antal villkor uttryckta i termer av den vanliga **ordningsrelationen** på $\mathbb{R}$, som vi också kallar för **storleksrelationen** och som vanligt betecknar $<$ eller $\leq$ för **strikt** respektive **icke–strikt** olikhet.

Det definierande sambandet mellan strikt och icke–strikt ordning är att $a \leq b$ om och endast om $a < b$ eller $a = b$, med SPM–logik:

$$a \leq b \iff a < b \ \vee \ a = b$$

vilket är logiskt ekvivalent med:

$$a < b \iff a \leq b \ \wedge \ a \neq b$$

Egenskaper som gäller för den ena relationen kan alltid i ett fåtal steg översättas till egenskaper som gäller för den andra.

För den **inversa** (*omvända, konversa*) relationen $>$ respektive $\geq$ gäller att

$$a > b \iff_{\mathsf{def}} b < a$$
$$a \geq b \iff_{\mathsf{def}} b \leq a$$

Det grundläggande villkoret är att ordningen på $\mathbb{R}$ är linjär, en *linjär* eller *total* ordning. Låt oss se på det här i ljuset av begreppet om approximationer.

Till att börja med är "approximerbarheten till varje given noggrannhet" garanterad av följande faktum om vår matematik:

[*] *Låt a vara ett reellt tal. För varje rationellt tal q gäller precis en av följande relationer:*

$$q < a \qquad q = a \qquad q > a$$

Approximerbarheten är alltså en aspekt av linjäriteten. För att inse sambandet mellan kriterieformuleringarna kan det vara till hjälp att tänka på följande sätt: på grund av [*] är det alltid möjligt, för varje givet litet *intervall med rationella ändpunkter* $[q_1, q_2]$, att om talet a säga huruvida det *ligger i intervallet eller inte.* Och som vi ser är dessutom [*] en del av och logisk konsekvens av innehållet i sats [18].

Entydigheten är en annan aspekt av att man inte ska kunna hamna i strid med ordningsrelationens linjäritet. Det ska till exempel inte kunna uppstå en situation i vilken $q_1 < a$ och $a < q_2$ men samtidigt $q_1 > q_2$:

[**] *Låt $a \in \mathbb{R}$. Om $q_1 < a < q_2$ så är $q_1 < q_2$, för alla $q_1, q_2 \in \mathbb{Q}$.*

Detta går på ett ut med att om talet a säga att man inte kan finna närmevärden till det *inom disjunkta intervall* på tallinjen. Som vi ser utgör villkoret [**] ytterligare en del av innehållet i [18], nämligen en bit av transitiviteten.

Approximerbarheten och dess entydighet kan sammanfattas genom att säga att ordningsrelationen $<$ utvidgad från de rationella talen $\mathbb{Q}$ med ett givet reellt tal a *bibehåller sin linjäritet*, eller att ordningsrelationen $<$ på $\mathbb{Q} \cup \{a\}$ är linjär. Relationen $<$ kan därefter naturligt *utvidgas till par av reella tal genom följande kriterium eller definition*, som i vissa framställningar har positionen av ett teorem:

[17] *Låt a och b vara reella tal. Då är $a < b$ om och endast om det finns ett rationellt tal q för vilket $a < q$ och $q < b$.*

Eller med SPM–logik:

$$a < b \iff \exists q \in \mathbb{Q}\ (a < q < b)$$

Exempel: Eftersom $\sqrt{2} < 2$ och $2 < \pi$ följer att $\sqrt{2} < \pi$. Implikationen åt höger i samband [17] är innebörden av att säga att mängden $\mathbb{Q}$ är **tät** (eng. *dense*) i $\mathbb{R}$. Men sambandet som helhet artikulerar ett slags grundläggande kriterium för relationen $<$ i $\mathbb{R}$, ett **storlekskriterium för** $\mathbb{R}$ kunde man säga.

Nu till den allmänna definitionen: Vi säger att storleksrelationen $<$ utgör en **(strikt) linjär** eller **total** ordningsrelation, därför att följande villkor är uppfyllda enligt den allmänna logisk–algebraiska definitionen av linjär ordning:

(a) **Transitivitet**: *Om $a < b$ och $b < c$ så är $a < c$. Med SPM–logik:*

$$a < b \land b < c \implies a < c$$

(b) **Trikotomilagen**: *En men endast en av följande relationer är giltig för varje par av tal:*

$$a < b \qquad a = b \qquad b < a$$

Att $a > 0$ motsvarar att a är ett positivt tal, att vi säger $a < 0$ motsvarar att a är ett negativt tal.

På grund av egenskaperna (a) och (b) säges $\mathbb{R}$, $\mathbb{Q}$ samt $\mathbb{Z}$ vara lika många exempel på en **linjärt ordnad mängd**, eller en **totalt** ordnad mängd eller **kedja**, under ordningsrelationen $<$. Storleksrelationen för våra vanliga reella tal är alltså det paradigmatiska exemplet på en linjär ordning. Relationen $<$ kan inte vidare utvidgas till en linjär ordning för de komplexa talen $\mathbb{C}$.

Linjäriteten är en så pass viktig och kännetecknande egenskap att vi sätter den på en egen display, och kallar påståendet för **axiomet om storleksrelationens linjäritet i de reella talen**:

[18] *Storleksrelationen $<$ utvidgad från de rationella talen $\mathbb{Q}$ till de reella $\mathbb{R}$ bibehåller sin linjäritet.*

Vi hänvisar till egenskaperna (a) och (b) ovan som [18(a)] respektive [18(b)]. I informella termer kan man säga: *"Alla reella tal ligger i linje med de rationella talen."* Eller: *"Alla reella tal kan entydigt ordnas på den rationella tallinjen."*

Ordningsrelationen erbjuder alltså en väg till precisering av approximationskriteriet. Som vi har sett inrymmer i själva verket konstaterandet [18] approximationskriteriet som en konsekvens, eftersom alla rationella tal är reella. Linjäriteten är en specifikation som har intima beröringspunkter med Dedekinds klassiska konstruktion av en modell för $\mathbb{R}$ genom snitt.

1.5.3 Ett identitetskriterium för de reella talen: oskiljaktighet upp till bråk

Den teoretiska analysen och beskrivningen av de reella talens kalkyl måste kompletteras med ytterligare något kriterium, som fastställer när två symboler får sägas utgöra, representera, motsvara 'samma' reella tal. Det är alltså ett kriterium för när två reella tal(symboler) får *identifieras under likhetstecknet.* Detta identitetskriterium är *analogt med* det identitetskriterium som finns för $\mathbb{Q}$, vilket anger när två bråk får sägas utgöra eller representera samma rationella tal, och således identifieras under likhetstecknet: nämligen att bråken kan förlängas/förkortas till varandra.

Detta är en möjlig pregnant formulering av ett sådant **identitetskriterium för** $\mathbb{R}$:

[19] *Två reella tal(symboler) a och b får identifieras under likhetstecknet, så att $a = b$, om och endast om a och b är oskiljaktiga upp till bråk.*

Med **oskiljaktighet upp till bråk** menar vi här att varje rationellt närmevärde till a, tillika är ett närmevärde till b med samma felgräns, och vice versa. Formellt:

$$q_1 \leq a \leq q_2 \iff q_1 \leq b \leq q_2$$

för alla $q_1, q_2 \in \mathbb{Q}$. Med den notation som introducerades i tidigare avsnitt kan villkoret också skrivas:

$$a = q \pm \varepsilon \iff b = q \pm \varepsilon$$

för alla $q \in \mathbb{Q}$ och $\varepsilon > 0$.

Med hjälp av detta identitetskriterium kan man till exempel visa att $\sqrt{a}$ är ett unikt reellt tal ungefär på så sätt:

> Antag att det finns två reella talsymboler b och b' som för det givna positiva reella talet a uppfyller approximationsregeln för kvadratrötter. I så fall är b och b' oskiljaktiga upp till bråk, och enligt identitetskriteriet [19] får de identifieras under likhetstecknet. Med andra ord, kvadratroten är unik.

Sammanfattning: om det inte finns något sätt alls att skilja två reella talsymboler åt genom bråk, så säger vi att de utgör eller pekar mot samma reella tal. Detta identitetskriterium för $\mathbb{R}$ utgör ett fundamentalt villkor på varje möjlig teori eller framställning för 'de reella talen'. Cantors konstruktion av $\mathbb{R}$ genom cauchyföljer utgår, kan man säga, från identitetskriteriet [19] som en underförstådd premiss.

1.5.4 Existens– eller representationskriteriet och symbolisk konstruktion av reella tal

Approximationsprincipen ger ett *nödvändigt* villkor ($\Longrightarrow$) för att något X överhuvudtaget ska kallas för ett reellt tal (ett *conditio sine qua non*):

$$x \in \mathbb{R} \implies x \text{ kan approximeras med bråk ...}$$

Men den utsäger strängt talat ingenting som ger oss ett *tillräckligt* villkor ($\Longleftarrow$) för att från första början kalla något X för ett reellt tal.

Annorlunda uttryckt: läser man approximationsprincipen ”bokstavligt”, pedantiskt noggrannt — på det sätt man kunde läsa en juridisk lagtext för att utröna luckor i den — utsäger den noga räknat ingenting om att det ”faktiskt existerar” något sådant som ett reellt tal. Detta tycks innebära att vi med endast approximationsprincipen till hands inte har något villkor som ’garanterar’ att vissa reella tal överhuvudtaget ’existerar’: irrationella kvadratrötter, talet e, gränsvärdet till en godtycklig decimalsummeföljd $\{D_n\}$, med mera. För den som studerar matematik kan frågor uppstå av arten: ”Men hur kan man vara säker på att det och det gränsvärdet faktiskt existerar? Hur kan vi vara säkra på att alla möjliga decimalutvecklingar ger reella tal? ...” Och så vidare.

Den fråga vi därför ska relatera till i det här avsnittet är följande:

Fråga 6: ”Hur kan man vara säker på att irrationella tal, såsom $\sqrt{2}$, π eller $e^{3,55}$ existerar på ett väldefinierat sätt?”

Det kollektiva beslut man, återigen ungefär från mitten av 1800–talet, mer och mer kom att landa i inom matematikvetenskapen var något som skulle kunna formuleras ungefär såhär:

> *”Om något går att approximera med bråk hur nära som helst, så säger vi att det är eller motsvarar ett reellt tal.”*
>
> *”Om det går att approximera, så finns det åtminstone så långt!”*

Dessa är lediga, intuitiva formuleringar av ett egentligen ganska stort tankesprång:

$$\text{approximerbarhet} \Longrightarrow \text{existens}$$

Gränsvärdet av exempelvis en given decimalsummeföljd ’existerar’, helt enkelt därför att det enkelt kan approximeras med decimaltal (!) till godtycklig precision, på ett sätt som är entydigt bestämt upp till bråk/rationella tal. Det existerar som en *container* med information om approximationsvillkoren, men för *matematikvetenskapens* räkning behöver man inte anta förefintligheten av något undflyende objekt därbakom bortom dessa villkor. Containern kan så att säga vara *tom*. Det som garanterat existerar är containern — dess innehåll kan vara en blott fantasifigur (eng. *figment of the imagination*).

De exakta detaljerna i denna historiska process hänger samman med utvecklingen och stegringen av det axiomatiska och algebraiska tänkandet under 1800–talet, och med de så kallade **mängdteoretiska konstruktionerna** av $\mathbb{R}$ som framlades under det seklet, varav de två allra mest klassiska och i läromedel vanligaste är förknippade med två mycket berömda tyska matematiker: *Dedekinds snittmetod* (1872) respektive *Cantors cauchyföljdsmetod* (1873). Därtill finns till exempel *Bachmanns intervallinkapslingsmetod* (ca 1892). Grundtanken i Dedekinds metod är att identifiera varje reellt tal med en särskild sorts partition av $\mathbb{Q}$, i den andra att identifiera det reella talet som en särskild sorts ekvivalensklass i mängden av alla cauchyföljder (rationella approximationsföljder, såsom decimalsummeföljder). Mer om detta i de historiska kommentarerna och i artikeln ”Den typiska algebraiska axiomatiseringen av $\mathbb{R}$ och de mängdteoretiska konstruktionerna” (DFM, III(c)).

Om vi alltså med vilande blick betraktar dels lejonparten av matematisk praktik, sådan den ser ut både i tekniska och vetenskapliga tillämpningar såväl som ren matematisk forskning, och dels de klassiska mängdteoretiska konstruktionerna, så kommer man att kunna lägga märke till följande omständighet:

[20] *Om någon sorts symbol (objekt) för vårt matematiska tänkande X går att approximera entydigt med bråk till varje given noggrannhet $\varepsilon > 0$, så är det i matematiken tillåtet att säga att X ’är ett reellt tal’ alternativt ’representerar’ eller ’korresponderar mot’ ett reellt tal α; ett reellt tal vars ’existens’ således är ga-*

ranterad. Detta reella tal satisfierar, per symbolisk konstruktion, exakt samma approximationsvillkor som X.

För 'det reella talet' α används i regel samma beteckning som för X, då denna i den matematiska utbildnings– och forskningspraktikens hantering redan är given som en konstantsymbol: $\sqrt{2}, e, \pi, \ldots$

Om man exempelvis kan konstatera att "X är större än 1,5 men mindre än 1,6", så är det tillåtet att om det motsvarande reella talet säga att det är större än 1,5 men mindre än 1,6. Och så vidare. För att förtydliga: villkoret är att X är någon sorts 'matematiskt objekt', med en kvantitativ aspekt för vilken det finns *matematiska regler* för dess approximation. Exempel utgör förstås talsymboler som $\sqrt{2}, \sqrt{5}+3, \pi, \varphi, e$, men också mer sammansatta uttryck såsom normalfördelningens sannolikhetstäthetsfunktion

$$f(x) = \frac{1}{\sigma\sqrt{2\pi}} e^{-(x-\mu)^2/2\sigma^2}$$

Varje symbol som uppvisar egenskapen 'entydig approximerbarhet med bråk' kommer så att säga att avyttra eller efterlämna sig ett 'reellt tal' som det vore ett minnesmärke över den. Eller med andra liknelser, en sorts flagga över den eller en container med information.

Låt oss kalla [20] för **det symboliska existenskriteriet** alternativt – **representationskritieriet** eller –**principen** för $\mathbb{R}$. Detta kriterium eller princip har närmast karaktären av ett axiom för $\mathbb{R}$ inom samtida matematik, även om vi här inte formulerat principen i de lingvistiska former som matematiska definitioner och satser brukar artikuleras. Det är egentligen varken något man kan bevisa eller motbevisa. Samtliga mängdteoretiska konstruktioner av $\mathbb{R}$ utgår i själva verket redan från denna princip som normbildande, som fundamental. Den här idéen om approximerbarhet som implicerande existens har dock inte alltid funnits i matematiken. Det är inte någon insikt i en liksom självevident sanning. I någon mening reflekterar [20] ett språkligt 'beslut', men inte ett godtyckligt stipulerat beslut. Det är ett axiom i betydelsen av en logisk–begreppslig reglering rörande bruket av en viss term — denna 'reellt tal' — som likt grammatiken i vårt språk inte alltid är på en medveten nivå.[18]

Den semiotiska eller symbolteoretiska beskrivning av de reella talen som görs i denna artikel har alltså viktiga beröringspunkter med de mängdteoretiska ansatser till logisk framställning som går under rubriken "mängdteoretisk konstruktion av de reella talen". En väsentlig skillnad här är förstås att vi inte betonar eller fäster omedelbar vikt vid att 'konstruktionen' formuleras med stöd av den terminologi och notation som hör till specifikt mängdläran. Istället rör vi oss med och inom en vokabulär av —:

> (tal)symbol, approximation, närmevärde, felgräns, noggrannhet, regler, villkor

och så vidare. Det finns olika anledningar till att jag experimenterar med den här rutten, istället för att direkt dra in mängdlära och mängdteoretiska konstruktioner eller den typiska algebraiska axiomatiseringen av $\mathbb{R}$ — utan att för den delen avvisa eller vilja uttrycka någon ringaktning för dem. Den viktigaste anledningen är att man — kanske — kan uppleva denna föreslagna approach som på vissa sätt både didaktiskt, logiskt och filosofiskt mer klargörande.

Exempel 34. (a) *Varje rationellt tal är också reellt:*

$$q \in \mathbb{Q} \implies q \in \mathbb{R}$$

för alla $q \in \mathbb{Q}$. Att vi får hävda detta kan sägas följa ur representationskriteriet av att varje givet rationellt tal helt enkelt är sin egen bästa approximation, och i detta fall gäller dessutom detta enda "närmevärde" till varje noggrannhet ε, inklusive $\varepsilon = 0$.

(b) Irrationella kvadratrötter ur heltal — $\sqrt{2}, \sqrt{3}, \sqrt{5}, \ldots$ — får sä-

[18] Om man sade att det visst går att bevisa principen, nämligen genom de mängdteoretiska konstruktionerna, så förefaller man hamna i ett slags cirkelresonemang, eftersom konstruktionernas vettighet motiveras av det valda existenskriteriet.

gas 'existera som reella tal', eftersom approximationsvillkoret visar möjligheten av entydig approximation med rationella tal. För varje $\varepsilon > 0$ kan vi till exempel finna $q_1, q_2 \in \mathbb{Q}^+$ sådana att $q_1^2 < 2 < q_2^2$ och $q_2 - q_1 < \varepsilon$, genom decimalapproximation och så vidare. Enligt approximationsvillkoret [15] följer att $q_1 < \sqrt{2} < q_2$.

Detta och därmed liknande exempel innehåller "på ett dolt sätt" det väsentliga steget i Dedekinds konstruktion av heltalsroten $\sqrt{n}$, för $n > 0$, som ett visst slags snitt i den rationella tallinjen. Man kan formellt introducera en symbol

$$K = K[\sqrt{2}]$$

definierad/axiomatiserad av villkoret att

$$q_1^2 < 2 < q_2^2 \iff q_1 < K < q_2$$

för alla positiva rationella tal q_1, q_2. Denna symbol har alla önskvärda approximationsegenskaper och enligt den symboliska representationsprincipen utgör eller motsvarar den ett reellt tal. Detta reella tal kunde man då definiera som $\sqrt{2}$. I Dedekinds klassiska konstruktion sker den formella symbolintroduktionen i mängdlärans terminologi och notation.

□

Existens– eller representationskriteriet hänger nära samman med det vanliga sättet att i litteraturen komma till rätta med existensproblemet: nämligen någon variant av *fullständighetsaxiom* för $\mathbb{R}$. Man kan också ställa existensproblemet såhär: *Hur kan man vara säker på att det här fullständighetsaxiomet ger ett fungerande stycke matematik?* Eller: *Hur kan man vara säker på att det faktiskt finns en motsägelsefri algebraisk struktur av den och den typen (fullständig linjärt ordnad kropp)?* — I högre analys (eng. *analysis*) bevisar man 'existensen', och motsägelsefriheten, i den algebraiska axiomatiseringen av $\mathbb{R}$ genom att göra en *mängdteoretisk modell*, typiskt lika med någon av de klassiska konstruktionerna ovanpå $\mathbb{Q}$.

Att introducera de här tankarna genom en "semiotisk–algebraisk" approach — eller vad man nu ska kalla det — snarare än att snabbt gå över till typiska mängdteoretiska konstruktioner, står inte i motsättning till att *också* titta på och genomföra dessa konstruktioner i matematikundervisning. Men det kan, tror jag, finnas en didaktisk poäng med att inte vara alltför snabb med övergången. Ofta kan man tjäna på att dra ned tempot en aning, att man får syn på fler saker i omgivningen. Det kan också finnas ett filosofiskt intresse i det att olika sorters framställningar och formella teorier kan fungera som *avancerade jämförelseobjekt*, vilka har effekten att kasta nytt ljus över eller ljus över olika sidor av eller möjligheter inom en viss begreppsbildning. Något som i sin tur kan bidra till att vissa låsningar eller fixeringar i tänkandet bryts upp och frigörs.

Sammanfattning: Enligt, vad vi här kallar, det symboliska existens– eller representationskriteriet utsöndrar, så att säga, symboler som kvadratroten $\sqrt{2}$, talet π (enligt analytisk definition), talet e, och så vidare, var för sig 'reella tal' som är helt och hållet kännetecknade av sitt sätt att behålla informationen om symbolens approximationsegenskaper. Det reella talet är liksom en container av information rörande den position det har i relation till de rationella talen. I egenskap av just en reell talsymbol är det väsentliga att X är bestämd genom den aritmetiska informationen om dess approximation, även om många symboler rymmer fler kreativa eller dynamiska aspekter som går bortom approximationsvillkoren, såsom geometrisk bakgrund och intuitiv innebörd. Men det finns också matematiska symboler som är från första början helt konstituerade genom sina formella approximationsvillkor, för vilka vi saknar någon föregående geometrisk eller intuitiv innebörd. Ett typiskt exempel vore 'gränsvärdet' till en godtycklig oändlig decimalserie.

1.5.5 Summan av en oändlig decimalserie. En första formulering av fullständighetsegenskapen

Låt oss återknyta till frågan om vilket reellt tal som representeras av en given oändlig decimalsummeföljd/decimalutveckling (fråga 1, avsnitt 1.3.7). Detta är en typ av bryderi som dyker upp för en del studenter i matematik. Det kan vara förenat med en lätt känsla av svindel (inför det oändliga och oändligt lilla).

Det är en sak att decimalutveckla en talsymbol som redan är given i den matematiska praktiken. Men vi får också lära oss saker som att ”Varje möjlig oändlig decimalutveckling representerar ett unikt reellt tal” eller ”Varje decimalserie har ett gränsvärde i de reella talen.” — Därmed inställer sig förstås frågor av följande slag:

> Hur (i hela friden) kan vi vara säkra på att en godtycklig decimalsummeföljd alltid skulle konvergera mot ett enda bestämt reellt tal?
>
> Och vad *är* då detta den oändliga decimalutvecklingens förmenta gränsvärde?
>
> Vilket reellt tal svarar till exempel decimalserien '0,101101110...' mot?
>
> Vad *är* egentligen denna decimalseriens totala summa?

Och så vidare.

Låt oss generellt betrakta någon **decimalsummeföljd**

$$N,d_1d_2d_3\ldots$$

där $N \in \mathbb{N}$ och varje $d_i \in \{0,1,\ldots,9\}$, för $i = 1,2,3,\ldots$ Låt oss för tydlighetens skull utesluta följder som någonstans övergår i en oändlig upprepning av 9:or. Varje D_n i följden $\{D_n\}$ är ett decimaltal ($D_n \in \mathbf{D} \subset \mathbb{Q}$) och speciellt är $D_0 = N$ ett naturligt tal. Per definition av ett decimaltal gäller här att

$$D_n = N + \sum_{k=1}^{n} d_k 10^{-k} \tag{I}$$

för alla $n \in \mathbb{Z}^+$.

Talföljden $\{D_n\}$ kan också anges med sedvanlig notation för en 'oändlig serie' som

$$N + \sum_{k=1}^{\infty} d_k 10^{-k} \tag{I'}$$

Vi säger också att följden $\{D_n\}$ är en **(oändlig) decimalserie**.

Som vi får lära oss i envariabelanalysen har en allmän decimalsummeföljd $\{D_n\}$ ett 'gränsvärde' D, som entydigt kan approximeras enligt de för en decimalutveckling allmänna approximationsvillkoren, så att:

$$D_n \leq D < D_n + 10^{-n} \tag{II}$$

för alla $n \in \mathbb{N}$. Jämför med regel [9].

Men naturligtvis inställer sig frågan, hur man kan vara säker på att det 'gränsvärdet' existerar på ett väldefinierat sätt? — Här är förslag på ett sätt att besvara eller närma sig den frågan, som egentligen sammanfattar flera olika perspektiv, och som explicit ansluter till det symboliska representationskriteriet:

Helt formellt–algebraiskt introducerar vi 'decimalseriens summa' D som det vore en ny symbol

$$D = D[\{D_n\}]$$

med följande för symbolen definierande approximationsvillkor:

$$D_n \leq D < D_n + 10^{-n} \tag{III}$$

för varje naturligt tal n.

Detta är ju vad som redan ligger implicit i idéen med en decimalutveckling: för varje element D_n i decimalutvecklingen är det *tillåtet att säga* att den är mindre än eller lika med 'den totala summan' D, och så vidare. Approximationsvillkoret för den formella symbolen D är en regel som tillåter närmevärdesbestämning till varje given noggrannhet $\varepsilon > 0$.

Förslagsvis skulle vi kunna säga att D är en **symbolisk konstrukt**.[19] Denna specifika typ av konstrukt är då axiomatiskt–algebraiskt definierad av själva approximationsvillkoret (III). Enligt representationsprincipen finns det ett 'reellt tal' som 'motsvarar' D, som satisfierar exakt samma approximationsvillkor som den symboliska konstrukten D. Det är en trivial konsekvens av symbolens definition/konstruktion. För enkelhetens skull väljer vi också samma beteckning för det reella talet, nämligen D. Här har vi faktiskt principskissen för dedekindkonstruktionen av summan till en decimalserie. I perspektivet av de mängdteoretiska konstruktionerna introduceras den symboliska konstrukten D som exempelvis ett dedekindsnitt eller som en ekvivalensklass av cauchyföljder.

Exempel 35. Låt oss titta på den specifika decimalutvecklingen

$$0{,}10110111011110\ldots$$

Den består av strängar av siffran 1 av teckenlängd $1, 2, 3, \ldots$ åtskilda av 0:or. (Jag vet inte om denna har någon konkret praktisk betydel-

[19] Sören Stenlund skriver:

> *Symbolical construction* [min kurs.], in which the symbols, in themselves, do not always signify anything accessible as intuitive experience, is henceforth Weyl's mathematical approach in theoretical physics. The great importance he attached to this new symbolic orientation is clear from the following statement: "[...] only in mathematics and physics, as far as I can see, has symbolic–theoretical construction acquired sufficient solidity to be convincing for everybody whose mind I open to these sciences."

Ur artikeln "Contemporary Physics and Symbolic Mathematics" (s. 83), i samlingen *The Origin of Symbolic Mathematics and the End of the Science of Quantity* (Uppsala Philosophical Studies 59).

se utanför matematiken, här tar vi den bara som illustration av en matematisk idé.) Eftersom decimalutvecklingen är aperiodisk, kan vi omedelbart konstatera att den inte kan representera något rationellt tal. Utvecklingens motsvarande decimalsummeföljd $\{D_n\}$ är

$$\begin{aligned} D_0 &= 0 \\ D_1 &= 0{,}1 \\ D_2 &= 0{,}10 \\ D_3 &= 0{,}101 \\ D_4 &= 0{,}1011 \\ D_5 &= 0{,}10111 \\ \cdots &\ \cdots\ \cdots \end{aligned}$$

Formellt–algebraiskt introducerar vi nu en symbol D definierad av de approximationsvillkor som anges i olikheten (III) ovan. Så kan vi nu exempelvis säga saker som:

> ”D till 4 decimaler är 0,1011.”
>
> ”D är *större än* 0,101101.”
>
> ”D är *uppenbarligen* mindre än 0,11.”

Om det hypotetiskt fanns ett behov av den i något naturvetenskapligt eller tekniskt sammanhang kan man *för alla praktiska syften*, och givetvis utan någon möda alls, approximera den till önskat antal decimaler. I enlighet med representationskriteriet utgör, representerar, motsvarar den symboliska konstrukten D ett reellt tal D. Dessutom gäller att det reella talet D är irrationellt! □

Så ett kanske klargörande sätt att svara på frågan 1 vore följande (*svarsmönster* 1:1):

> ”Existensen av decimalutvecklingens summa inom matematiken är av en *symbolisk* karaktär.”

Det hör ju åtminstone inte till de normala kriterierna på att man har 'bemästrat' modern matematik — i bemärkelsen blivit skicklig på beräkningar, hantering av algebra och analytisk geometri, lärt sig vektorgeometri och matriser, kan tillämpa matematiken inom fysiken, astronomin, kemin, ekonomin, med mera — att man tar ställning till en fråga som den om decimalseriens summa existerar i någon *annan* ontologisk bemärkelse av 'existens' än av en operativ symbol som man kan göra en massa saker med. Den frågan förefaller hamna utanför själva matematiken och matematikvetenskapen; i en mening av det ordet vara "filosofisk" eller "metafysisk".

Det är förstås en trivial konsekvens av det för vår symboliska konstrukt *definierande* villkoret (III) att den *efterfrågade* egenskapen (II) är satisfierad.

I den lingvistiska dräkten av matematiska teorem kan existensgarantin formuleras såhär, och på "traditionellt" matematikvetenskapligt sätt:

[21] *Varje oändlig decimalsummeföljd* $\{D_n\}$ *har ett gränsvärde* D *i* $\mathbb{R}$*. Med andra ord, decimalserien är konvergent.*

Detta är faktiskt en första möjlig formulering av ett **fullständighetsaxiom** för den reella analysen, se nästa avsnitt.

Dessutom gäller att:

[22] *Om* D *är gränsvärdet för någon decimalsummeföljd* $\{D_n\}$*, som inte övergår i en oändlig upprepning av 9:or, så är approximationsvillkoret (II) för decimalutvecklingar satisfierat, så att*

$$D_n \leq D < D_n + 10^{-n}$$

för alla $n \in \mathbb{N}$.

Därav framgår förstås att decimalutvecklingen till konstrukten D är den på förväg givna decimalsummeföljden. Dessutom kan man demonstrera att oändliga decimalutvecklingar och reella tal står i ett till ett–korrespondens, i det att varje decimalutveckling motsvarar ett och endast ett reellt tal såsom dess gränsvärde (här utesluts följder som övergår i en oändlig upprepning av 9:or). För detta behöver man utnyttja identitetskriteriet för $\mathbb{R}$.

1.5.6 Fullständighetsegenskapen och olika fullständighetsaxiom

Det teoretiska eller formella behovet av någon sorts matematisk existensgaranti hänger, som sagt, nära samman med det som kallas för **de reella talens fullständighetsegenskap** (eng. *completeness property*). I de moderna läroböcker i matematisk analys för grundkurser vid universitet/högskola som finns på bokmarknaden, är det (åtminstone sedan andra halvan av 1900–talet) inte alls ovanligt att man presenterar fullständigheten under den allmänna rubriken "axiom för de reella talen". Man brukar också tala om den och den specifika formuleringen av fullständighetsegenskapen som ett **fullständighetsaxiom** för $\mathbb{R}$.

Påstående [21] är faktiskt en av *flera möjliga* formuleringar av denna 'de reella talens fullständighetsegenskap'. Det finns, som sagt, många olika artikulationer av fullständighetsegenskapen, många möjliga sätt att formulera ett 'fullständighetsaxiom'. Alla dessa möjliga formuleringar är matematiskt ekvivalenta ($\Longleftrightarrow$). En annan variant mjukar upp anknytningen till just det decimala talbeteckningssystemet:

[23] *Varje växande men uppåt begränsad oändlig följd $\{q_n\}$ av rationella tal — på vilket exempel är decimalutvecklingar — har ett gränsvärde L i de reella talen.*

Notera att vi skulle kunna omformulera det här påståendet på ett lite annat sätt, i lingvistiska former som inte är de typiska för läroböckerna i matematik:

Antag $\{q_n\}$ är en växande men uppåt begränsad oändlig följd av rationella tal. Då är det i matematisk praxis tillåtet att introducera en *symbol L som har egenskapen att vara följdens gränsvärde.*

Givet att följden är växande och uppåt begränsad blir gränsvärdesdefinitionen matematiskt ekvivalent med att symbolen L för gränsvärdet uppfyller följande approximationsvillkor:

$$q_n \leq L \leq U$$

för alla $n \in \mathbb{N}$ och övre gränser U till följden $\{q_n\}$. Alltså är varje nytt element i följden ett successivt bättre närmevärde till L.

De i läromedel för analyskurser vid universitet & högskola vanligast förekommande formuleringarna av fullständighetsegenskapen är dock följande två. För det första en mer generaliserad variant av [23], kallad **axiomet om begränsade växande talföljder** (eng. BMSP, *Bounded Monotonic Sequence Property*):

[24] *Varje växande och uppåt begränsad oändlig följd av reella tal har ett gränsvärde i de reella talen.*

Den andra varianten är **axiomet om minsta övre gräns** (eng. LUBP, *Lower Upper Bound Property*) eller **supremumaxiomet**:

[25] *Varje uppåt begränsad mängd av reella tal har en minsta övre gräns (supremum) i de reella talen.*

Den minsta övre gränsen till en mängd $\mathcal{M}$ av reella tal kallas också för dess **supremum** eller **minsta majorant**, med matematisk notation

$$\mathsf{sup}(\mathcal{M}) \qquad \text{alternativt} \qquad \mathsf{lub}(\mathcal{M})$$

Det är en bra logikövning att visa att mångfalden av olika formuleringar av fullständighetsegenskapen samtliga implicerar varandra, det vill säga är matematiskt ekvivalenta.[20]

Fullständighetsegenskapen är vad som logiskt–algebraiskt sett är den

[20]Se t.ex. appendix C ur Böiers & Perssons *Analys i en variabel.* Bevis för att monotonitets– respektive supremumaxiomen är matematiskt ekvivalenta ges i appendix A till samma författares lärobok *Analys i flera variabler.*

nödvändiga kompletteringen av $\mathbb{Q}$ för att kunna härleda alla grundläggande samband ur matematisk analys för en eller flera variabler. Saker som: satsen om mellanliggande värden, max–min–satsen för kontinuerliga funktioner, likformig kontinuitet, medelvärdessatsen för deriverbara funktioner — och så vidare.

Det är axiom i betydelsen *en grundläggande regel i den moderna reella analysens språkspel*, men inte direkt i betydelsen av en intuitiv insikt i någon självevident sanning. Det är ”så vi vill ha det” i analysen. Man kunde säga att både vår formulering av det symboliska existenskriteriet såväl som olika varianter av fullständighetsaxiom är olika formuleringar av fullständighetsegenskapen för $\mathbb{R}$.

1.5.7 Approximationsvillkor för k–rötter

Approximationsregeln för kvadratrötter [14] kan lätt generaliseras till en analog **approximationsregel för k–rötter**:

[26] *För alla $a \in \mathbb{R}^+$ och $q_1, q_2 \in \mathbb{Q}^+$:*

$$q_1 < \sqrt[k]{a} < q_2 \iff q_1^k < a < q_2^k$$

På så sätt kan k–roten ur ett reellt tal $a > 0$ approximeras entydigt med rationella tal till varje given noggrannhet $\varepsilon > 0$; och enligt representationskriteriet utgör/motsvarar symbolen $\sqrt[k]{a}$ ett ’faktiskt existerande’ reellt tal. I det fall a är en irrationell talsymbol sker approximationen i två moment, dels approximation q av a och dels approximation q_1, q_2 av $\sqrt[k]{q}$.

Exempel 36. Låt oss beräkna $\sqrt[3]{10} = 10^{1/3}$ till tre decimalers noggrannhet. Systematisk prövning ger

$$2{,}154^3 = 9{,}993\ldots < 10 < 2{,}155^3 = 10{,}007\ldots$$

Ur [26] följer $\sqrt[3]{10} = 2{,}154\ldots$ till tre decimalers noggrannhet. □

2 Kommentarer

2.1 Matematisk fördjupning

2.1.1 Talet π och dess transcendens

Förutom diagonalen och sidan i en kvadrat är ett annat exempel på inkommensurabla storheter omkretsen och diametern i en geometrisk cirkel. Detta matematiska faktum lyckades matematiker inte bevisa förrän så sent som på 1800–talet. Däremot kan man säga saker i stil med: "Omkretsen är över tre gånger så lång som diametern" och "Omkretsen av cirkeln förhåller sig till diametern på ett ungefär som tjugotvå till sju".

Enligt den traditionella definitionen anges storleksförhållandet mellan omkretsen och diametern av talet π (den grekiska bokstaven "π" infördes dock inte som beteckning förrän på 1700–talet). Bråket $22/7 = 3\frac{1}{7}$ är en övre gräns till π och utgör en av Arkimedes berömda approximationer. Den undre gränsen fastställde han till $223/71 = 3\frac{10}{71}$. Efter Arkimedes har vi alltså approximationen:

$$3\frac{10}{71} < \pi < 3\frac{1}{7}$$

En instängning av π mellan två rationella närmevärden, av typen bråk som faktiskt inte kan uttryckas exakt som decimaltal (!). Decimalutveckling av bråken ger de decimala närmevärdena $3\frac{10}{71} = 3{,}1408\ldots$ och $3\frac{1}{7} = 3{,}1428\ldots$, vilket betyder att

$$3{,}14 < \pi < 3{,}15$$

Med andra ord är talet π beräknat till två decimaler 3,14:

$$\pi = 3{,}14\ldots$$

Med ett språk för decimaltal till hands kan vi konstatera att "Cirkelns omkrets på ett ungefär är 3,14 av diametern". Närmevärden till π har med datorer idag beräknats till flera hundra miljarder decimaler; även om det, som sagt, inom naturvetenskap och ingenjörskonst räcker gott och väl med färre än 50 decimaler till π, även vid beräkningar på astronomisk eller subatomär skala.

I elementär matematikundervisning (på gymnasium och högskola) låter man det normalt vara underförstått att storleksförhållandet mellan omkretsen och diametern i en geometrisk cirkel är en matematisk kvantitet som på ett entydigt sätt går att approximera med bråk (decimaltal) till vilken noggrannhet $\varepsilon > 0$ som helst. — Men hur gör man egentligen för att beräkna decimaler till π, och i vilken mening kan man 'vara säker' på att approximationen till godtyckligt antal decimaler alltid i princip låter sig göras? Det är inte självklart vad man skulle räkna som ett 'bevis' för det här matematiska sakförhållandet.

Att $\pi > 3$ är ganska så lätt att inse genom följande resonemang:

1. Låt en cirkel vara given. Konstruera en hexagon inuti cirkeln.
2. Förbind hexagonens hörn med cirkelns medelpunkt. Detta ger 6 stycken liksidiga trianglar, som alla har sidan 1 radie. Se figur 15.
3. Hexagonens omkrets räknar vi till 6 radier, vilket är lika mycket som 3 diametrar.
4. Men cirkelns omkrets är större än hexagonens. Alltså är cirkelns omkrets större än dessa 3 diametrar.

Att $\pi < 4$ är också lätt att inse:

> Omskriv cirkeln med en kvadrat. Kvadraten har fyra sidor, var och en en diameter lång. Kvadratens omkrets är alltså 4 diametrar, och uppenbarligen är kvadratens omkrets större än cirkelns.

Med liknande men lite mer komplicerade geometriska resonemang, som dock inte förutsätter mer än elementär geometri av typen Pythagoras sats, når man så småningom fram till Arkimedes approximationer. Jag överlåter dock på läsaren att fördjupa sig i temat klassisk geometri och uppskattning av π i mån av intresse.[21]

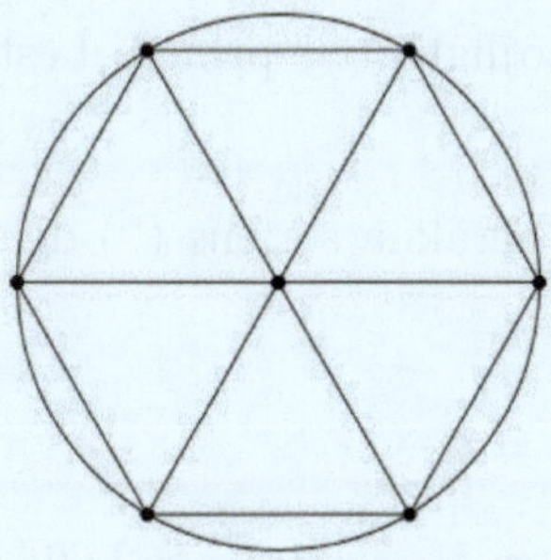

Figur 15: En cirkel med en diameter utritad samt en inskriven hexagon. Hexagonen bildar 6 stycken liksidiga trianglar, vilka då var och en har sidan 1 radie. Bilden kan användas för att åskådliggöra approximationen $3 < \pi < 4$.

Med moderna analytiska metoder har man tagit fram formler, som visar hur approximationen av π kan göras, i princip till varje givet antal decimaler. Även om läsaren inte kan eller planerar att göra så mycket med dessa formler i nuläget, kan det ändå vara intressant att få något exempel på hur de kan se ut.

En del beräkningar av decimaler till π utgår från *taylorutvecklingen* av funktionen *arcustangens*:

$$\arctan x = \sum_{n=0}^{\infty} \frac{(-1)^n}{2n+1} x^{2n+1} = x - \frac{x^3}{3} + \frac{x^5}{5} - \frac{x^7}{7} + \dots$$

Eftersom $\arctan(1) = \pi/4$ radianer ger insättning av $x = 1$ i taylorutvecklingen och multiplikation med 4 i vänster– och högerled att

$$\pi = 4 - \frac{4}{3} + \frac{4}{5} - \frac{4}{7} + \dots \qquad (*)$$

[21]Ett tips på videoföreläsning: ”Finding Pi by Archimedes’ Method” av MathWithoutBorders:

https://www.youtube.com/watch?v=_rJdkhlWZVQ

En formel som bland annat Leibniz kom fram till. Här ger upprepning av dessa enkla aritmetiska operationer successivt bättre närmevärden till π, vilket gör det möjligt att i princip bestämma ett godtyckligt antal decimaler.

Exempel 37. Låt oss beräkna seriens (*) delsummor till några termer:

$$\begin{aligned} s_0 &= 4 \\ s_1 &= 4 - \frac{4}{3} = 2\frac{2}{3} \approx 2{,}66 \\ s_2 &= 2\frac{2}{3} + \frac{4}{5} = 3\frac{7}{15} \approx 3{,}47 \\ s_3 &\approx 2{,}90 \\ &\vdots \\ s_{626} &\approx 3{,}143 \end{aligned}$$

Efter 626 termer börjar seriens delsummor att stabilisera sig, så att $3{,}14 < s_n < 3{,}15$, för alla heltal $n \geq 626$. □

Det finns mer effektiva formler för π–beräkning än (*), men den fungerar i princip och med den beräkningskapacitet en modern dator medger, så är behovet av ett mycket stort antal iterationer inte omedelbart ett hinder (en programmeringsuppgift för den som vill och kan).

I en teoretisk axiomatisk framställning av analysen exempelvis skulle man kunna välja att definiera talet π analytiskt och inte geometriskt. Dessa formler bildar då utgångspunkten för möjligheten av att uttala sig om π inom den bestämda axiomatiska framställningen.

Ett bevis för att π är irrationellt framlades under andra halvan av 1700–talet av matematikern Johann Heinrich Lambert. Mot slutet av 1800–talet lyckades en annan tysk matematiker, Ferdinand von Lindemann, visa att π dessutom är ett så kallat transcendent tal, ur vilket omedelbart följer att π är irrationellt.

Vad det betyder för ett reellt eller komplext tal z att vara **transcendent** är att det inte utgör en rot till någon **algebraisk ekvation**, alltså en ekvation på formen

$$p(x) = 0$$

där $p(x) = a_0 + a_1x + a_2x^2 + \ldots + a_nx^n$ är ett polynom, med koefficienterna $a_0, a_1, a_2, \ldots, a_n \in \mathbb{Q}$. I motsatt fall säges talet $z \in \mathbb{C}$ vara **algebraiskt**, det vill säga, det kan uttryckas som roten till en algebraisk ekvation.

Om man nu kan visa att π är transcendent följer omedelbart, trivialt att π inte är rationellt. Antag nämligen motsatsen: att vi hade $\pi = \frac{a}{b}$ för några heltal a och b. Då skulle vi få π som roten till ekvationen

$$bx - a = 0$$

Men detta motsäger det förhållandet att π är transcendent. Slutsatsen är att π är irrationellt.

Egenskapen hos ett tal att vara transcendent är med andra ord en *starkare egenskap* än den att vara irrationellt. Alltså: om ett tal är transcendent, så är det irrationellt, medan det omvända inte alltid gäller. Exempelvis är $\sqrt{2}$ en rot till den algebraiska ekvationen

$$x^2 - 2 = 0$$

vilket visar att den omvända implikationen inte gäller generellt.

Den tyske matematikern Ferdinand von Lindemann visade år 1882 att potensen e^α är ett transcendent tal, för alla komplexa algebraiska tal $\alpha \neq 0$. Detta teorem är ett specialfall av Lindemann–Weierstrass sats ur abstrakt algebra.[22] Att π är transcendent följer nu ur sambandet $e^{\pi i} = -1$ från grundläggande teori för komplexa tal. Om π

[22]Bevisen för Lindemann och Weierstrass resultat är för invecklade för att gå in på här. Jag överlåter på den engagerade läsaren att fördjupa sig på egen hand, sätt t.ex. sökmotorn på "transcendence of pi".

vore algebraiskt, skulle ur Lindemanns teorem följa att talet -1 är transcendent, vilket det uppenbarligen inte är.

2.2 Historisk fördjupning: berättelsen om de reella talen

Vad jag har att säga i det följande är mycket översiktligt, inte så detaljerat. Jag talar utifrån *helhetsbilder* som av olika sorters studier formats i mitt sinne. Jag är dock inte matematikhistoriker och uttalar mig alltså inte som en expert på det området. Det är mer som att jag talar som en lärare i matematik skulle kunna göra inför en grupp av studenter, och gör så gott jag kan.

Man måste påminna sig om vad som är syftet med att införa historiska betraktelser och jämförelser i en undervisande text vars mål är att förmedla *matematiska* kunskaper till studenter eller hjälpa dem vidare i sina matematikstudier (studenter som i regel har andra ambitioner eller livsuppgifter än att syssla med vetenskapshistoria). Ett värde av den historiska översikten och jämförelsen är att det sätter igång tänkandet kring ämnet på en annan nivå och ger perspektiv på den matematik vi tillägnar oss här och nu. Att tanken inte liksom finner sig inträngd i ett hörn på samma sätt. En annan sorts upplevelse av förståelse kan infinna sig.

Det är fullt möjligt att det jag säger skulle uppfattas som något för grovt eller schematiskt av personer mer insatta i de historiska detaljerna. Men givet *syftet* med dessa historiska kommentarer ber jag i så fall läsaren ha fördragsamhet med mig.

2.2.1 Jämförelser med den grekiska matematiken

I det grekiska matematiska tänkandet existerar vare sig 'reellt tal' eller 'irrationellt tal' som självständiga talbegrepp. Inte heller hade man något tecken för talet noll eller negativa tal. I den grekiska geometrin talade man i termer av *(storleks)förhållanden, proportioner* mellan *geometriska* storheter, såsom sträckor, ytor och kroppar. Däremot kan man inte säga att det under antiken existerar något koncept om 'reellt tal', eller specifikt 'irrationellt tal', som ett självständigt begrepp, uttryckt i idéen om det reella talet som ett abstraherat storleksförhållande överhuvudtaget givet någon fixerad enhet möjligt att representera på tallinjen.

Pythagoréerna, det samfund av filosofer, matematiker och mystiker som grundlades av Pythagoras, var länge av uppfattningen att det räckte med heltal och bråk för att uttrycka precis alla möjliga storleksförhållanden mellan geometriska storheter (eller mellan längden på tidsintervall). I själva verket tänkte man sig att universums fundamentala struktur och principer kunde förstås matematiskt — faktiskt en väldigt fruktbar tanke om man ser till fysikens utveckling — och i synnerhet i termer av de positiva heltalen $1, 2, 3, \ldots$ Någon gång under deras historia gjorde pythagoréerna dock den matematiska upptäckten att det finns geometriska storleksförhållanden som inte verkar kunna uttryckas exakt, analyseras i formen av ett enda bråk. Det enklaste klassiska exemplet på det här är storleksförhållandet mellan diagonalen och sidan i en kvadrat. Ett annat idéhistoriskt viktigt exempel är det gyllene snittet, som också intog ett slags esoterisk särställning för pythagoréerna.

Eftersom uppfattningen att "allt här i världen" skulle kunna uttryckas med hjälp av heltal eller som förhållanden mellan heltal (alltså bråk) var något av ett krav, en förväntning på verklighetens och matematikens *harmoni*, och inte bara en hypotes som man var beredd att ge upp hur lätt som helst och byta ut mot en annan, var det här en svår insikt. Säges det. Enligt den gängse berättelsen ska till och med en av de invigda ha råkat väldigt illa ut efter att ha avslöjat upptäckten för utomstående; jag vet inte om det här är sant eller om det bara är en skröna, men det är så det brukar berättas. Det säges att han dräptes genom dränkning.

Man kan säga att denna upptäckt innebar en *öppning av horisonten* för grekerna, och för all senare matematik i västvärlden. I den grekiska matematiken efter pythagoréerna kom man så småningom att om varje par av geometriska storheter av samma sort (till exempel två sträckor) säga att de antingen är *kommensurabla*, ”jämförbara”, eller *inkommensurabla*, ”ej jämförbara”. Att två storheter är kommensurabla innebär att storleksförhållandet mellan dem låter sig uttryckas exakt som ett enda bråk. I detta fall går det verkligen att säga sådant som att ”Den här sträckan förhåller sig till den där som fem till två” eller ”Den här sträckan är fem halvor av den där sträckan”. Att två storheter är inkommensurabla innebär att det inte är möjligt att helt *matematiskt* exakt uttrycka storleksförhållandet som ett enda bråk. Man får då nöja sig med närmevärden (vilket visserligen för alla empiriska behov är tillräckligt).

I matematisk bevisföring och problemlösning behandlade man det inkommensurabla som ett *specialfall*, vilket krävde att man utvecklade särskilda metoder för dess hantering. Av särskilt intresse är matematikern och filosofen *Eudoxos* (ca 408–355 f.Kr.). Dennes *proportionalitetslära* utgör förutsättningen för bok V samt X av Euklides *Elementa*. Det är mycket intressant att Eudoxos sätt att komma åt specialfallet med inkommensurabla storheter speglar det som blev den moderna matematikens sätt att komma åt frågan om det reella talets natur under 1800–talet. Det finns en sorts historiens återkomst och upprepning här.

Även om det på Eudoxos tid inte finns något allmänt aritmetiskt begrepp reellt tal, så tänker man åtminstone att varje par av *geometriska (objekt)storheter* som är av samma sort/kategori kan jämföras och står i ett bestämt *storleksförhållande* till varandra. Storheterna kan vara två sträckor, två vinklar, två areor, och så vidare. Med den terminologi vi rört oss med i denna text kunde man formulera Eudoxos proportionalitetsprincip såhär:

[27] *Två geometriska storleksförhållanden är lika om och endast om de är oskiljaktiga upp till bråk.*

Så, om $A : B = C : D$ så måste till exempel gälla att $mB < (>) \, nA \iff mD < (>) \, nC$, för godtyckliga $m, n \in \mathbb{Z}^+$. Här ska relationen '$<$' fattas geometriskt (den ena sträckan är kortare än den andra till exempel) och inte omedelbart som vår aritmetiska storleksrelation. Om B exempelvis utgör en sträcka, så ska uttrycket 'mB' tolkas som att lägga m stycken geometriska sträckor B efter varandra. Om vi tillåter oss den moderna matematikens notation och begrepp kan ekvivalensen skrivas om till

$$\frac{m}{n} < \frac{|A|}{|B|} \iff \frac{m}{n} < \frac{|C|}{|D|}$$

och motsvarande för den konversa relationen $>$.

Eudoxos princip är ett 'axiom' i euklidisk grekisk matematik, i den bemärkelsen att det har karaktären av ett beslut som är svårt att motivera vidare, annat än genom sin användbarhet i bevisföring/problemlösning. Det är som att säga: "Låt oss hädanefter ta detta som vårt *yttersta* matematiska kriterium på att en sak A står i samma förhållande till B som saken C står i till D." (Förutsatt är A, B, C och D tillhör samma sort.) I bok V av Elementa sammanfattas principen dock under listan med "definitioner". Som vi ser har formulering [27] påtagliga likheter med det identitetskriterium för $\mathbb{R}$ som framlades i avsnitt 1.5.3.

Utifrån princip [27] kunde grekerna sedan visa en massa geometriska förhållanden och hantera inkommensurabiliteten som specialfall, men utan att först behöva introducera något begrepp om reella eller irrationella tal.

2.2.2 Renässansen och den naturvetenskapliga revolutionen

Decimala positionssystem för representation av heltal och decimaltal (och till och med negativa tal) förekommer i Indien och Kina och andra kulturer långt tillbaka i historien, i Kina så långt tillbaka som tiden för Kristi födelse. I Europa används det romerska talbeteckningssystemet en bra bit upp i medeltiden. De *hindu–arabiska siffrorna* $0, 1, 2, 3, 4, 5, 6, 7, 8, 9$ och *decimalsystemet* introduceras i Europa någon gång kring 1300–talet, genom kontakten med arabiska handelsmän, som i sin tur lär ha tillägnat sig det av indierna en gång i tiden. Den italienske matematikern *Leonardo av Pisa (Fibonacci)* bidrog ytterligare till decimalsystemets spridning genom sitt verk *Liber Abaci* ("Boken om räknekonsten") tryckt år 1202. Även om det fanns ett motstånd bland affärsmän och statsmän inför att använda det nya systemet, börjar man gradvis vänja sig vid det under sen medeltid och renässans. År 1585 publicerar den flamländske mångsysslaren Simon Stevin boken *De Thiende* ("Tiornas konst"), som inför en ny notation för *decimalbråk* (alltså decimaltal), behandlar decimalbråksräkning och förespråkar det nya talsystemet.

I den europeiska matematikens utveckling från 1600–talet och framåt väljer man att röra sig förbi heltalen och bråken till ett ännu vidare talbegrepp som också ska ta hand om inkommensurabla storheter och kvantiteter såsom $\sqrt{2}$. Denna förvandling av matematiken beror dels på att matematikerna nu har upptäckt algebrans och senare den matematiska analysens användbarhet och dels på decimalsystemets framträdande på scenen. Konceptionen om (de reella) talen som uttryckande ett abstraherat storleksförhållande (jämför Newtons beskrivning i artikelns inledande avsnitt) växer fram, ett begrepp som är vidsträckt nog att spegla både diskret såväl som kontinuerlig kvantitet.

2.2.3 1800–tal: analysens aritmetisering, rigorositetssträvanden och de mängdteoretiska konstruktionerna

Under 1800–talet kommer flera ledande matematiker att uppleva otillfredsställelse med de gamla sätt att beskriva eller känneteckna talen som hänvisar till "storheter", "linjens kontinuitet" och "kontinuerliga kvantiteter". Man brukar beskriva upplevelsen som den av en allmän brist på *stringens, rigorositet* med grundbegreppen i analysen och matematiken överhuvudtaget. Man upplevde att matematiken hade hamnat i ett läge där det fanns ett behov av besinning på ämnets själva *grundvalar*. Detta sammanhängde med insikten/upptäckten av icke–euklidisk geometri och olika oväntade 'resultat' av experimenterande med oändliga serier och kurvor. I analysen (teorin för gränsvärden, funktioner, derivator, integraler, med mera) utgick man från samband som man inte hade något bevis för. Det fanns ingen ordning upprättad för de reella talen, inom ett system av definitioner, axiom och teorem. Den här perioden i matematikens och vetenskapens historia, där den moderna matematikvetenskapens begrepp om funktion, gränsvärde, derivata, med mera, tog gestalt, brukar kallas för **analysens aritmetisering**.

Ett av de tidiga förslagen på en mer 'stringent' beskrivning eller konstruktion av de reella talen var att helt enkelt försöka definiera ett reellt tal som en oändlig decimalserie, varefter de fyra räknesätten och olika egenskaper hos decimalserier definieras på ett helt formellt, algebraiskt, sätt. Den nackdel man upplevt med den här vägen såsom konstruktion av de reella talen är dels att den är matematiskt otymplig och dels något godtycklig (*ad hoc*). Apropå uppfattningen att "Ett reellt tal är en oändlig decimalutveckling" skulle de flesta matematiker säga ungefär såhär:

> "Det vore mer korrekt att säga att varje reellt tal *har* en oändlig decimalutveckling, som är entydigt bestämd (undantaget decimalutvecklingar som slutar med en oändlig följd av 9:or). Men rent teoretiskt är det inget speciellt med decimalutvecklingar: exakt samma reella tal skulle också kunna ges en oändlig *binärutveckling* till exempel."

Det som i många moderna läroböcker och matematisk historieskrivning framställs som det verkligt stora genombrottet med den här frågan "Vad är ett reellt tal, egentligen?" är de så kallade **mängdteoretiska konstruktionerna** av de reella talen. De två mest fullständigt genomarbetade konstruktionsmetoderna föreslogs under 1870–talet av två tyska matematiker, med bara något års mellanrum: *Richard Dedekind* och *Georg Cantor*. Bägge dessa matematiker kan nog föräras namnet av portalfigurer till mängdläran/klasslogiken. Cantors metod baseras på *cauchyföljder*, också kallat *fundamentalföljder*, av rationella tal. Dedekinds metod baseras på *dedekindsnitt* i mängden av rationella tal. Det finns andra konstruktionsmetoder, som påminner om eller är variationer på dessa två, speciellt *Bachmanns intervallinkapslingsmetod*.

Att matematiker upplevde behovet av klargörande och uppstramning av begreppen så pass starkt som de gjorde lär i stor utsträckning också ha handlat om undervisningen på tekniska högskolor och universitet. Man kände att när det gällde undervisningen om matematikens grunder för förstaårsstudenter var man tvungen att sväva lite på målet. Det fanns många frågor som man inte hade något riktigt bra svar på: "Men hur vet ni att det där gränsvärdet verkligen existerar?" med mera. Dedekind skriver i den klassiska avhandlingen *Om kontinuitet och irrationella tal* ("Stetigkeit und irrationale Zahlen"):

> Det var hösten år 1858 som min uppmärksamhet för första gången kom att dras till de iakttagelser och problem som nu utgör ämnet för den här uppsatsen. I egenskap av professor vid Tekniska Högskolan i Zürich fann jag mig för första gången i mitt liv förpliktigad att hålla föreläsningar om differentialkalkylens grunder och då kunde jag mer akut än någonsin tidigare uppleva avsaknaden av genuint *vetenskapliga grundvalar för aritmetiken* [min kurs.].[23]

Även idag skulle många professionella matematiker — kanske majoriteten — uttrycka sig såhär:

> "En verkligt rigorös definition av de reella talen och en logiskt stringent framställning av deras kalkyl, utgår från någon mängdteoretisk konstruktion ovanpå de rationella talen: med cauchyföljder, dedekindsnitt, eller något i den stilen. Det spelar egentligen ingen roll vilken konstruktion man väljer, eftersom de resultat man når fram till i slutändan är desamma: räknelagarna, ordningsegenskaper, grundläggande satser i analysen,

[23]Förf. övers. Ur Richard Dedekind, *Essays On The Theory of Numbers*, s. 1.

och så vidare, kan etableras med vilken som helst av konstruktionerna. Som en algebraisk struktur av typen fullständig (linjärt) ordnad kropp är de reella talen unik upp till isomorfi."

Läroböckerna till kurser i analysens grunder (de kurser i "mathematical analysis" som kommer efter grundläggande "calculus" i en eller flera variabler) brukar ta med något kapitel som går igenom grunddragen i åtminstone ett av dessa två konstruktionsförfaranden. Låt oss titta lite närmare på Cantors respektive Dedekinds metoder.

Cantors cauchyföljdsmetod

Det finns en nära koppling mellan Cantors metod och försöken att definiera de reella talen i termer av oändliga decimalutvecklingar. Själva paradigmexemplet på en cauchyföljd är nämligen en oändlig decimalsummeföljd, såsom $1, 1.1, 1.14, 1.141, \ldots$ I allmänhet är en cauchyföljd en oändlig följd av rationella tal som har den egenskapen att den ger intrycket av att konvergera, av att närma sig något slags gränsvärde, men utan att man för den delen alltid kan uttrycka det här gränsvärdet som ett enda bråk. Cauchyföljden är som en approximationsföljd av successivt bättre närmevärden till 'något tal', som är sådan att approximationen kan göras till godtycklig noggrannhet.

Cantors "trick" går nu ut på att definiera ett reellt tal som en viss typ av mängd av cauchyföljder, vad man kallar en *ekvivalensklass* i mängden av alla cauchyföljder. Två följder som ingår i samma ekvivalensklass har egenskapen att de ger intrycket av att konvergera mot exakt samma gränsvärde. Det här 'ger intrycket av' har en teknisk definition som vi inte behöver gå in på här. Tag som exempel cauchyföljderna av decimaltal:

$$1, 1, 1, 1, 1, 1, 1, \ldots$$

$$0, 0.9, 0.99, 0.999, 0.9999, 0.99999, 0.999999 \ldots$$

Båda dessa ser ut att konvergera mot samma gränsvärde: nämligen talet 1. Alltså är de ekvivalenta, i Cantors mening, och representerar samma reella tal.

Det *definitionsförslag* som Cantor gav ser med andra ord ut såhär:

> ”Ett reellt tal är en ekvivalensklass i mängden av alla cauchyföljder.”

Därefter kan Cantor definiera de fyra räknesätten och olika egenskaper hos dessa såsom mängder konstruerade ”reella tal”, helt enkelt genom att istället definiera operationer på och egenskaper hos ekvivalensklasser av cauchyföljder och visa att dessa operationer och egenskaper ger det man ville ha redan från första början: att räknelagarna är uppfyllda, att varje positivt reellt tal har en kvadratrot bland de reella talen, att varje reellt tal har en unik decimalutveckling, och andra saker.

Dedekinds snittmetod

Dedekinds metod går, som sagt, istället ut på dedekindsnitt i de rationella talen. Medan Cantors metod ligger nära idéen med decimalutvecklingar, ligger Dedekinds idé närmare anknytningen mellan det reella talbegreppet och den geometriska förståelsen av reella tal som svarande mot punkter på tallinjen och ordningsrelationen $<$ som en linjär ordning, det vill säga att de reella talen ligger i linje med de rationella.

Ett **(dedekind)snitt** är en uppdelning av mängden av rationella tal i två icke–tomma delklasser, den undre A_1 och den övre A_2, som uppfyller villkoret att varje element i den undre klassen är strikt mindre än varje element i den övre klassen.[24] Med matematisk notation:

(i) $A_1 \cup A_2 = \mathbb{Q} \ \wedge \ A_1, A_2 \neq \emptyset$

[24]Detta är Dedekinds egen definition, det finns olika varianter. En vanlig variant är att istället definiera snittet genom den undre klassen A_1 och sätta villkoret att A_1 saknar största element. Detta har vissa tekniska fördelar i konstruktionen.

(ii) $q_1 \in A_1 \wedge q_2 \in A_2 \implies q_1 < q_2$

Villkor (i) utsäger att varje rationellt tal hamnar i antingen den ena eller den andra av dessa klasser, och (ii) att varje element i den undre klassen är strikt mindre än varje element i den övre klassen. Själva snittet skrivs hos Dedekind som ett ordnat par (A_1, A_2).

Det definitionsförslag som Dedekinds metod medger är nu det här:

> ”Ett reellt tal är ett snitt (A_1, A_2) i mängden av rationella tal $\mathbb{Q}$. Om den undre/övre klassen har ett största/minsta element q, så säger vi att snittet utgör eller korresponderar mot ett rationellt tal, nämligen q. Om såväl största som minsta element saknas i delmängderna, så definierar snittet ett irrationellt tal α.”

Därefter kan man definiera de fyra räknesätten och olika egenskaper hos de så konstruerade ”reella talen”, genom att istället definiera operationer och egenskaper på snitt. Resultatet kommer återigen att vara att samma formella räknelagar, ordningsegenskaper och grundläggande samband gäller.

Kvantiteten ’kvadratroten ur två’ definieras exempelvis som det dedekindsnitt $\sqrt{2} = (A_1, A_2)$ i vilket den undre klassen innehåller alla rationella tal vars kvadrat är mindre än 2 och den övre klassen alla rationella tal vars kvadrat är större än 2. Med mängdlärans skrivsätt:

$$A_1 = \{x \in \mathbb{Q} : x^2 < 2 \text{ eller } x < 0\}$$
$$A_2 = \{x \in \mathbb{Q} : x^2 > 2 \text{ och } x \geq 0\}$$

Detta snitt motsvarar eller utgör då ett irrationellt tal, eftersom A_1 saknar ett största element och A_2 ett minsta element.

För en mer detaljerad genomgång av Dedekinds och/eller Cantors metoder, se artikeln ”Typisk algebraisk axiomatisering av $\mathbb{R}$ och de mängdteoretiska konstruktionerna” ur DFM III(c) alternativt listan med förslag på vidare läsning. Dessutom finns det gott om information om ämnet på nätet.

2.3 Logiska och filosofiska reflektioner

De tankar som här framläggs är mina egna och jag är inte ute efter att representera någon skola eller riktning inom filosofin. Däremot kan jag peka på viktiga impulsgivare bland kända eller mindre kända tänkare inom filosofi, logik eller matematik: Platon, Kant, Russell, Hilbert, Gödel, med flera. De två viktigaste inspirationskällorna för följande reflektioner är Ludwig Wittgenstein och den svenske filosofen Sören Stenlund (1943–2019, verksam vid Uppsala universitet). Båda dessa tänkare jobbade mycket med just frågor om logikens och matematikens filosofi, men hade samtidigt en bredd och ett djup som sträckte sig långt förbi enbart temat matematik.

Särskilt Stenlunds tankar om matematiken, och speciellt om symbolen och dess roll och natur, har varit ett viktigt bollplank för eget tankearbete kring matematiken och dess grunder.

2.3.1 Tecknet och symbolen

Betrakta dessa matematiska påståenden:

> $(\sqrt{2})^3 = 2\sqrt{2}$
>
> Talet kvadratroten ur två upphöjt till två är lika med talet två
>
> Arean av cirkeln är precis lika stor som pi gånger kvadraten på radien stycken areaenheter
>
> $A = \pi r^2$
>
> För alla reella tal a och b gäller att $a \cdot b = b \cdot a$

Dessa påståenden innehåller allesammans förekomster av vad vi här omväxlande har kallat för ett/en:

(matematiskt) tal
talsymbol
kvantitativ symbol
kvantitetssymbol
matematisk kvantitet

Vi har i texten behandlat dem som utbytbara. Exempel på talsymboler är '5', '$\sqrt{2}$' och 'det reella talet a'.

Här tror jag det är viktigt att man gör sig själv uppmärksam på skillnaderna inom sambandet mellan **tecken** (*gestalt, beteckning*) respektive **symbol**. Det är mycket vanligt att folk, när de säger "matematiska symboler", bara tänker på eller avser de typografiskt säregna och ideografiska *beteckningssätt* som är karakteristiska för vetenskaper som matematik, fysik och kemi. Det man då syftar på, vill tala om, kan förtydligas genom att istället säga beteckningssätt, notation, skrivsätt, gestalter, med mera.

En symbol, tänker vi oss här, är något mer än bara sin yttre typografiska, grafiska, akustiska eller annan gestalt. Det är någonting som intar en mer eller mindre speciell roll i det mänskliga livet, dess praktiska verklighet och språk — i det här sammanhanget matematiken och dess tillämpningar. I dess roll som symbol får olika bestämda gestalter fungera som *referenspunkter* för symbolens användning eller uppdykande i livet, språket eller matematiken. Men två olika gestalter kan fortfarande vara eller fungera som en och samma symbol. Om vi för ett ögonblick glömmer vilken mening eller roll de har, så är följande några få exempel på teckengestalter:

$$\sqrt{2} \qquad 2^{1/2} \qquad \text{kvadratroten ur två} \qquad \text{sqrt}(2)$$

Om vi åter låter oss minnas den funktion de har inom matematiken kan man säga att dessa fyra tecken eller gestalter allesammans utgör, representerar, svarar mot, är förbundna med precis en och samma symbol. De tjänar som referenspunkter för samma matematiska symbol.

En symbol är med andra ord inte bara en grafisk eller akustisk gestalt. Symbolen har en mening eller personlighet kan man säga. En symbol pekar utöver det omedelbart givna. Den har alltid en mer eller mindre bestämd roll utöver det som är sinnligt påtagligt i tecknet. Det omedelbart, sinnligt, givna kan då vara exempelvis de skrivna tecknen på pappret eller det konstnärliga uttrycket (formationen) genom en bild eller en skulptur. I en saga skulle en resande person kunna tolkas eller uppfattas som en symbol för människans hela liv och sökande efter meningen med det, och i det fallet är gestalten 'den resande' något mer komplext än en statisk bild eller matematiska skrivtecken, eftersom formationen byggs upp av hela berättelsen i växelverkan med det språk och den kultur som gör sagan begriplig som helhet. I andra fall, som med matematiska tecken såsom "$\sqrt{2}$", gäller det omvända. Själva tecknet är enkelt nog — det är några streck på papper — och går för det mesta rätt så smidigt att ersätta med andra tecken: man kan till exempel skriva det alfabetiska "roten ur två" eller som i många programmeringsspråk "sqrt(2)" istället för som vanligt "$\sqrt{2}$". Däremot är den symboliserande funktion som dessa tecken intar i språket, vad de 'pekar mot' eller vilken 'roll' de har, inte lika lätt att sätta fingret på. Rollen, personligheten, meningen är inte något som står skrivet där på pappret. Symbolens mening visar sig endast genom hur tecknen kommer till användning i människornas liv, i den matematiska praktiken. Man kunde säga att symbolen igenkänner vi i tecknet genom *formerna för dess användning*. Att vi känner igen *tecknets "idé"*, för att tala med Platon.

Jämför med några rader ur Wittgensteins *Tractatus* §3.32 med kommenterande aforismer:

3.32 *Tecknet* är det sinnligt förnimbara i *symbolen* [mina kurs.].

3.321 Två skilda symboler kan alltså ha tecknet (skriv– eller ljudtecken etc.) gemensamt — de betecknar då på olika sätt.

3.322 Det kan aldrig innebära ett gemensamt kännetecken för två föremål att vi betecknar dem med samma tecken men genom två skilda beteckningssätt. Ty tecknet är ju godtyckligt. Man kunde alltså lika gärna välja två skilda tecken, och var funnes då det gemensamma i beteckningen.

3.323 I vardagsspråket förekommer det mycket ofta, att samma ord betecknar på olika sätt — alltså tillhör skilda symboler — eller att två ord, som betecknar på olika sätt, i yttro måtto används på samma sätt i satsen.
Sålunda uppträder ordet "är" som kopula, som likhetstecken och som uttryck för existens; "existera" som ett intransitivt verb av samma slag som "gå"; "identisk" som ett egenskapsord; vi talar om *något* men också om att *något* händer.
(I satsen "Brun är brun" — där det första ordet är ett personnamn, det sista ett egenskapsord — är det icke bara så att dessa ord har skilda betydelser, utan det rör sig om *skilda symboler*.)
[...]

3.326 För att i symbolen varsebli tecknet måste man beakta den meningsfulla användningen.

3.327 Först tillsammans med sin logisk–syntaktiska användning bestämmer tecknet en logisk form.

3.328 Om ett tecken icke *utnyttjas*, så är det betydelselöst. Detta är innebörden av Ockhams rakkniv.
(Om allt förhåller sig som om ett tecken hade betydelse, så har det också betydelse.)

Nu är det dessutom så att $\sqrt{2}$ utgör en speciell *typ av symbol* kallad: *tal, number, Zahl, ...* Den har en roll eller personlighet som gör det lämpligt att kalla den för just ett tal, en talsymbol, en kvantitetssymbol, och så vidare. Vidare tillhör $\sqrt{2}$ en speciell *kategori av talsymboler inom typen tal* kallad för en *konstant, konstantsymbol.* Jämfört med denna symbol är 'det reella talet a' ett exempel på en *variabel, variabelsymbol.* I det förra fallet är frågan "*Ungefär* hur mycket är roten ut två?" meningsfull och helt på sin plats. I det senare fallet, med variabelsymbolen 'det reella talet a', är denna fråga inte aktuell. Däremot kan man meningsfullt säga saker som "*Antag* att a är större än 10".

När vi säger att "$\sqrt{2}$, π och a är tal/talsymboler" är detta att jämföra med att säga "Blå, röd och grön är färgord". Bestämningen 'tal' eller 'talsymbol' har en funktion i språket, i *grammatiken*, som påminner om den 'färgord' har. Den placerar de här symbolerna inom samma typ av symboler och anvisar dem därmed sin plats i matematiken, genom de regler som gäller just för talsymboler. Dessa regleringar är ibland klart uttalade, men ibland inte så klart uttalade (och detta kan ställa till förvirring), eller till och med på gränsen till det omedvetna. Vår intention här i texten har varit att explikera de regler för 'reella tal' som är centrala i det praktiska arbetet med att studera eller tillämpa matematik.

Naturligtvis finns det olika *sorters* tecken och symboler. De symboler psykologen Carl Gustav Jung talar om i sitt arbete — barnets och drömmens symbolspråk, det arketypiska, mytologins och sagans symboler — är förstås symboler i en annan mening än matematikens, kemins eller fysikens notation och symboler. De senare kännetecknas av *offentlighet* och en hög grad av *principiell arbiträritet.*

Matematikens talsymboler och andra typer av symboler kunde förslagsvis betecknas som **operativa symboler**, i det att språket tillåter oss att på olika sätt operera med dem.

2.3.2 "Hur vet man att kvadratroten verkligen existerar?"

Vad man i matematiken tar som intäkt för att någonting sådant som 'kvadratroten ur två' existerar är inte oberoende av historiska omständigheter. Under antiken rörde man sig, som sagt, inte med något självständigt och av geometrin oberoende talbegrepp 'reellt tal' eller 'irrationellt tal'. I den utsträckning de hade tillgång till en rent aritmetisk taluppfattning, så sträckte den sig till positiva heltal (och kanske bråk).

Ett slags *geometriskt* argument för 'kvadratrötternas existens" sker med hänvisning till geometrisk kontinuitet:

> ”Vi kan rita en kvadrat med arean $1{,}4^2 = 1,96$ areaenheter och en kvadrat med arean $1{,}5^2 = 2,25$ areaenheter. Den första kvadraten kan förstoras till den andra genom en kontinuerlig rörelse. Under en sådan kontinuerlig rörelse passeras vid någon tidpunkt en kvadrat med arean lika med 2 areaenheter. Sidan i den kvadraten har längden $\sqrt{2}$ längdenheter.”

Ett annat slags geometriskt argument hänvisar till konstruerbarhet (med passare och linjal):

> ”Eftersom vi kan konstruera en kvadrat på en sträcka, så kan också en sträcka med längden $\sqrt{2}$ konstrueras, givet ett val av enhetssträcka.”

Under nyare klassisk tid i Europa skulle den här sortens geometriska argument fortfarande kunna väga tyngre än formella–algebraiska argument. Det finns naturligtvis även idag många människor (ungdomar och vuxna studenter) som kan uppleva att geometriska resonemang är klarare, mer överskådliga och bättre som ”bevis” än aritmetiska. Detta är inte sagt som en filosofisk eller vetenskapsteoretisk ståndpunkt, utan som ett konstaterande om hur ”vi” som ungdomar och studenter fungerar.

I modern matematikvetenskap har man haft en benägenhet att se saken tvärtom: att en aritmetisk–algebraisk redogörelse väger tyngre än en geometrisk. Detta är förstås inte en ren slump, utan det har sina goda skäl och omständigheter, som sammanhänger med de förvandlingar matematiken genomgår under 1800–talet.

Oavsett vad man anser vara ett ’klart argument’ eller ett ’stringent bevis’ i matematiken, består den här textens specifika klarhet endast i att den beskriver praxis: vi räknar med $\sqrt{2}$ i matematiken och i fysiken och andra tillämpningar och det finns ingen helt *uppenbar* anledning för oss att sluta med det.

De tankespår som jag velat lyfta fram en aning är dessa:

(A) Att det reella talbegreppet i praktiken är intimt förenat med metoder samt begrepp som feluppskattning, närmevärde, approximation, felgräns, med mera, och att denna sida av praxis är mer primär, fundamental, jämfört med exempelvis varje mängdteoretisk konstruktion.

(B) Att det reella talets existens kan fattas som varande av symbolisk karaktär, och att man liksom när det gäller symbolik överhuvudtaget, kan 'ha glädje' av ett symbolspråk (såsom ett religiöst språk) utan att därmed ta för givet att det symboliserade eller genom symbolen förverkligade nödvändigtvis måste legitimeras i någon i förhållande till det givna symbolspråket, logiskt eller ontologiskt, extern bemärkelse.

Genom symbolen blir en sorts dimension eller verklighet tillgänglig, som inte vore eller är tillgänglig på något annat sätt än just genom tecknet, genom referenspunkter varigenom det symboliska blir till en realitet i den mänskliga, levda, praktiska verkligheten. Liksom med det symboliska överlag, kommer man inte alltid att kunna finna något objekt 'därute'. Vår notation och talande om reella tal är det ofrånkomliga sätt varigenom dessa symboler blir till en naturlig del av vår praktiska verklighet.

2.3.3 Den långa tråden om $0{,}999\ldots = 1$

Låt oss titta på följande "uppgift".

> "Visa att $0{,}999\ldots = 1$"

Även om uppgiften kan uppfattas som en smula fånig, har jag valt den av två anledningar. Den ena är att det är en typ av fråga som för matematikstudenten kan ge den där säregna upplevelsen av oklarhet eller rentav svindel inför elementär matematik, där man inte riktigt vet *vad man ska säga*:

> "Men hur vet vi att det *överhuvudtaget* existerar ett reellt tal svarande mot den oändliga decimalutvecklingen

> 0,999...? Även om följden 0,999 och så vidare *närmar sig* 1 så är den ju aldrig *exakt* 1? ..."

Och så vidare. Den andra anledningen är att jag faktiskt har sett denna och liknande frågeställningar debatteras i långa trådar på vissa internetforum, under rubriker som "Den långa tråden om 0,999... = 1", där ett flertal olika förslag på hur man kunde resonera presenteras.

1. — Ett sätt att inledningsvis behandla uppgiften är att först ställa en kritisk *motfråga*:

> "Gemensamt för oss här är *en liten bit notation*. Oavsett vilka bilder vi förknippar med det. Och uttrycket '0,999... = 1' kan uppfattas ur flera olika synvinklar. Uppfattar du vänsterledet som en decimal approximation av 1, som beteckningssättet för en oändlig serie, som en egen symbol separat från symbolen '1'? — Olika svar är passande beroende på tolkning av skrivsättet."

Här är tre olika sätt att tolka likhetspåståendet:

(a) Det bästa närmevärdet till 1 upp till tre decimaler, och som samtidigt är strikt mindre än 1 är 0,999; men 0,999 är inte exakt lika med 1 — ett trivialt påstående.

(b) Den oändliga följden av delsummor till decimalserien

$$C = \sum_{n=1}^{\infty} 9 \cdot 10^{-n} = 0 + 0{,}9 + 0{,}09 + 0{,}009 + \ldots$$

har gränsvärdet 1, när n går mot oändligheten. Med matematisk notation

$$\lim_{n\to\infty} C_n = 1$$

eller

$$\sum_{n=1}^{\infty} 9 \cdot 10^{-n} = 1$$

Detta är ett påstående, som kan bevisas utifrån den vanliga ε–n–definitionen av gränsvärdet till en talföljd.

(c) Den som formulerar "uppgiften" kan dock vilja antyda att vi här ska uppfatta vänsterledet som beteckningssättet för en *separat talsymbol* jämfört med högerledet.

2. Detta föranleder följande alternativa förslag till frågans bemötande, men som istället baseras på framställningen i det här dokumentet: Låt oss på ett helt abstrakt sätt *introducera* en matematisk kvantitetssymbol $C = C[\{C_n\}]$, för vilken den rationella talföljden $\{C_n\} = \{0, 0.9, 0.99, 0.999, \ldots\}$ per symbolisk konstruktion är en av dess följder av successivt bättre approximationer (en cauchyföljd). Denna formella introduktion innebär ju nu att symbolen C kan approximeras med decimaltal till varje given noggrannhet, alltså inom varje felgräns $\varepsilon > 0$. Det finns en teknik, en metod för att beräkna allt bättre närmevärden till den. Jag kan till exempel säga att "C är definitivt större än 0,9999".

Närmare bestämt uppfyller C följande approximationsvillkor:

$$C_n \leq C \leq 1 \quad (= C_n + 10^{-n})$$

för alla $n \in \mathbb{N}$. (Att olikheten till vänster kan stärkas till strikt olikhet, för varje givet naturligt heltal n, lämnas som en övning.) Ur representationsprincipen följer förstås att C utgör, representerar, korresponderar mot ett reellt tal, med exakt samma approximationsegenskaper som C. Och för enkelhetens skull väljer vi samma (!) beteckning för det reella talet — nämligen C.

3. Faktum är att närmevärdet $C \approx 1$ kommer att fungera inom varje felgräns: $C = 1 \pm \varepsilon$, för alla $\varepsilon > 0$. Med $\varepsilon = 0{,}01$ har vi felintervallet $0{,}99 < S \leq 1$, vilket visar att C är 1 till inom en hundradel; med $\varepsilon = 10^{-6}$, en miljondel, får vi felintervallet $0{,}999\,999 < C \leq 1$, vilket visar att C är 1 till inom en miljondel; och så vidare bortom minsta kvadriljondel. Enligt identitetskriteriet [19] gäller alltså att $C = 1$. $\square$

2.3.4 Längden av en geometrisk sträcka

1. Att par av sträckor alltid kan sättas i 1–1–korrespondens med reella tal förekommer ofta som ett av axiomen i moderna axiomatiseringar av klassisk geometri. Detta är förstås principen för tallinjen och en grundregel i modern elementär ”skolgeometri”.

2. Här är ett annat sätt att se detta: Det gäller som ett grundläggande antagande i klassisk euklidisk geometri att varje par av sträckor AB och CD kan jämföras med varandra och att det bestämda storleksförhållande som råder mellan AB och CD entydigt låter sig approximeras med bråk till varje noggrannhet förutom noll. Kalla storleksförhållandet för S. Givet ett godtyckligt rationellt tal q är det alltså, i den geometriska kalkylen, 'möjligt att säga' om S huruvida det är mindre, lika med eller större än q. Den geometriska regeln i förening med representationsprincipen innebär att S motsvarar ett reellt tal. Givet ett visst val av sträcka OE som 'längdenhet' kan nu varje annan sträcka AB tilldelas ett reellt tal $|AB|$ kallat 'längden' av AB i enheten OE, definierat som storleksförhållandet mellan AB och sträckan OE.

3. Vad man väljer som axiom för en formell axiomatisering av klassisk geometri är naturligtvis inte en gång för alla givet, det finns olika axiomatiseringar. Ett motiverat val av axiom givet resonemangslinjen i (2) vore:

[28] *Mellan varje givet par av geometriska sträckor råder ett bestämt storleksförhållande F som entydigt låter sig approximeras med bråk till varje given noggrannhet* $\varepsilon > 0$.

4. Med den symbolteoretiska beskrivning vi uppställt för $\mathbb{R}$ följer att varje sådant storleksförhållande mellan geometriska sträckor upp till bråk motsvarar ett och endast ett reellt tal.

2.3.5 Några anmärkningar kring de reella talens fullständighetsegenskap

Både monotonitets– och supremumaxiomet har karaktären av *existenspostulat*, vars funktion också är att 'garantera existensen' av vissa 'objekt': av det och det reella talet, av talet e och andra 'gränsvärden', eller den allmänna 'summan av en oändlig decimalsummeföljd' för den delen. Båda villkoren fastställer gentemot de rationella talen särskiljande drag för 'mängden av reella tal'.

En vits med att ställa upp (en av) dessa såsom grundläggande beskrivningar är förstås att 'existensen av kvadratrötter' och många andra slags irrationella tal svarande mot *vissa redan sedan långt tillbaka i vetenskapshistorien utnyttjade talsymboler*, därmed blir 'garanterad'. I vidare utsträckning rör det sig om *behovet av tydlighet i uppbyggnaden av den matematiska analysen*, där de reella talens fullständighetsegenskap återkommande utnyttjas vid bevisen för olika grundsatser om funktioner, gränsvärden, kontinuitet, derivator, integraler, med mera (exempelvis satsen om mellanliggande värden). I moderna läroböcker förläggs oftast bevisen för dessa ständigt utnyttjade, men — som matematiker ibland säger — "intuitivt självklara" samband till något appendix.

Bestämningen "–axiom" är här det *namn* som "traditionellt" (några decennier) ges de här matematiska sambanden; i vilken bemärkelse de kan sägas vara "axiom i matematiken" beror delvis på vilken innebörd man lägger i och förväntar sig av "axiom" och delvis på i vilket sammanhang man rör sig: (1) Hur många av oss känner att till exempel monotonitetsaxiomet är "intuitivt uppenbart"? (2) Monotonitets– och supremumaxiomet är matematiskt ekvivalenta: det ena implicerar det andra och vice versa. Det "räcker" alltså med ett av dem i den matematiska teorin, i en axiomatisk–algebraisk framställning. I ett faktiskt försök till axiomatisk–deduktiv presentation kunde man nöja sig med ett av dem, i vilket fall det andra villkoret inte skulle räknas till "axiomen", även om det bär namnet. (3) I de mängdteoretiska försöken att konstruera de reella talen vill man istället nå fram till båda fullständighetsvillkoren som "teorem", och inte bara acceptera dem som axiom, i vilket fall varken det ena eller det andra strängt taget skulle utgöra axiom i systemet.

Monotonitets– och supremumegenskapen är dessutom (4) matematiskt ekvivalenta med åtskilliga andra möjliga formuleringar. De är alltså inte heller den enda möjliga, "nödvändiga", utgångspunkten för en framställning av de reella talens kalkyl och analysens matematikteoretiska grunder. Andra "axiom" kan också användas för att nå fram till exakt samma "arsenal" av satser och definitioner.

Det vore till exempel (5) helt formellt tillräckligt att som "axiom" ta den enda satsen

[21] *Varje decimalsummeföljd har ett gränsvärde bland de reella talen.*

Detta, tillsammans med de rationella talen och deras kalkyl som given, är tillräckligt för att "bygga upp" hela den analys som utnyttjas (i utbildningen) av ingenjörer, fysiker, kemister, läkare och så vidare.

Anledningen till att man inte gör det i läromedlen i envariabelanalys är, skulle jag gissa, av typen "symmetriskäl": det handlar om matematisk "elegans". Det upplevs som mindre elegant att ta basen tio som något fundamentalt, därför att det inte tycks finnas några *rent matematiska* skäl till det. Däremot är ju de skäl man kunde anföra exempelvis *matematikdidaktiska* (och humanistiska), sammanhängande med en mänsklig–historisk verklighetsbakgrund: det är decimalsystemet vi lär oss i småskolans undervisning, det var det handelsmännen, ingenjörerna och matematikerna ställde om till under sen medeltid/renässans, och så vidare. — För visst ger ändå [21] en *något* närmare upplevelse av "intuitiv giltighet"? Vadan denna upplevelse? —

Det som vi här förslagsvis kallat den symboliska representationsprincipen står i nära samband med fullständighetsegenskapen, de mängdteoretiska konstruktionerna av $\mathbb{R}$ och frågan om det reella talets existens och natur.

I en semiotisk–symbolteoretisk axiomatisering av de reella talen kunde både gränsvärdet till en växande och begränsad följd av reella tal och den minsta övre gränsen till en uppåt begränsad mängd av reella tal på ett generaliserbart sätt introduceras som symboliska konstrukter '$L = L[(a_n)]$' och '$S = S[\mathcal{M}]$' konstituerade genom vissa formella approximationsvillkor; varav en förstås kommer att vara att varje element i talföljden respektive mängden får sägas vara 'mindre än eller lika med' konstrukten. På analogt sätt kunde man införa 'gränsvärdet till en cauchyföljd' eller den tänkta 'gränspunkten till ett dedekindsnitt' som symboliska konstrukter.

Eventuellt upptar jag dessa tankespår i andra sammanhang, eller så överlåter jag helt på någon engagerad läsare att försöka utveckla en teori av det slaget.

2.3.6 Ett försök till definition?

Det finns ingenting sådant som en *standardiserad matematikvetenskaplig definition* av termen 'reellt tal' i matematiken (jämfört med till exempel definitionen av ett 'primtal'). Det finns ett antal *definitionsförslag*, som kan härledas till tiden för den matematikhistoriska process under 1800–talet som brukar heta *analysens aritmetisering*. Dessa definitionsförslag går under namnet "de mängdteoretiska konstruktionerna" av de reella talen. Men ett försök till definition, ett definitionsförslag, är inte samma sak som en universellt accepterad matematisk definition, såsom den av ett primtal.

Om man inskränker det svenska ordet "tal" — motsvarande engelskans "number" — till att endast gälla de typer av tal man rör sig med i matematikundervisningen på gymnasiet och i sannolikt mer än 99% av allt arbete med och undervisning i matematik på universitet och högskolor runtom i hela världen, och i så gott som all teknisk–naturvetenskaplig forskning, så är det sant att:

[*] *"Ett tal är reellt om och endast om det på ett entydigt sätt låter sig approximeras med rationella tal (bråk) till varje given noggrannhet $\varepsilon > 0$."*

Till detta med approximerbarhet hör saker som att det i princip alltid är möjligt att säga om det reella talet K huruvida det ligger inom ett givet rationellt intervall $[q_1, q_2]$ eller inte. Detta grundläggande faktum om de reella talens kalkyl har vi här valt att kalla för *approximationskriteriet.*

Man skulle kunna uppfatta [*] som ett 'förslag på definition' av de reella talen. Till formen är det analogt, har påtagliga likheter med det vanliga sättet att definiera rationella tal i läroböckerna: "Ett rationellt tal är ett tal som kan uttryckas som ett bråk p q–delar."

Jag har dock aldrig sett [*] som ett *explicit* förslag på definition, i någon av de läroböcker som används på svenska universitet och högskolor. Men om en student (eller någon annan) ställde mig frågan "Vad är ett reellt tal?", så är det matematiska förhållande [*] omnämner en av de mest grundläggande saker som studenten behöver ha kännedom om, och därför något som hör till det raka försök till svar som jag personligen *vore beredd att ge.* Det vill säga, det finns inget annat svar som jag egentligen tycker är så värst mycket bättre och mer matematiskt "stringent". Det är *de facto* det bidrag till frågan som eleven kunde ha mest praktisk nytta av i arbetet med att lära sig och bli förtrogen med matematiken.

Det är troligtivs av samma anledning som många läroböcker i analys för högskola och universitet inleder boken med att beskriva de reella talen i termer av möjligheten till decimalutveckling — och inte, till exempel, som en "ekvivalensklass i mängden av alla cauchyföljder" eller som ett "dedekindsnitt i mängden av alla rationella tal". Ekvivalensen [*] har likheter med andra vanliga beskrivningar, varav samtliga pekar i den här riktningen:

[**] *"Ett tal är reellt om och endast om det på ett entydigt sätt kan approximeras med decimaltal till varje given noggrannhet $\varepsilon > 0$."*

Den här karakteriseringen går på sätt och vis på ett ut med att säga: "Ett reellt tal är ett tal som kan decimalutvecklas" — en formulering som man finner i en del läroböcker.

Dessa två displayer — [*] och [**] — uppfattade som kriteriebeskrivningar är matematiskt ekvivalenta. Approximerbarhet med bråk implicerar approximerbarhet med decimaltal och vice versa. Med andra ord: approximerbarhet med bråk är matematiskt ekvivalent med approximerbarhet med decimaltal.

Jag säger inte att det är nödvändigt att uppfatta saken som en fråga om definition. Man kan framförallt se approximationsprincipen som en kriteriebeskrivning. Den är användbar som en sorts karakterisering av de reella talen. Den täcker alla reella tal och utesluter komplexa tal (varje komplext tal kan approximeras med två bråk, men inte bara med ett). Jag är egentligen inte ute efter någon definition, men frågan återstår ändå: hur kommer det sig att [*] inte redan är allmänt accepterat som en standarddefinition av de reella talen, liksom det finns för de rationella talen och begreppet primtal, när det ändå tycks ligga så nära till hands?

Jag kan se åtminstone två omständigheter som motverkar [*] såsom definitionsförslag. Det ena har att göra med de lingvistiska former som gäller för en "*Definition 1.2.3 ...*" i typiska avhandlingar inom samtida matematikvetenskap. Påståendet är svårt att passa in inom de språkliga och formella ramar som gäller för en definition inom det omfattande arkitektoniska system av termer, notation och samband, som kunde kallas *den mängdteoretiska katedralen.*

Det andra har att göra med uppkomsten av den så kallade *icke–standardanalysen* och dess *hyperreella talsystem.* Icke–standardanalysen uppfanns eller utvecklades av matematikern Abraham Robinson på 1960–talet. I korthet handlar det om ett slags formellt återupplivande av Leibniz *"infinitesimaler"*, "oändligt små tal", genom mängdteoretiska konstruktioner. ”De hyperreella talen” formar en sorts *abstrakt* utvidgning av $\mathbb{R}$, som förutom *”standardtal”* tillåter räkning med *”icke–standardtal”*. Ett icke–standardtal är antingen ändligt eller oändligt, en *”infinit”*. Ett ändligt icke–standardtal präglas av en ”oändligt liten avvikelse” från ett standardtal, och kan formellt skrivas som *en ”standarddel” plus en ”infinitesimal”*. De ändliga icke–standardtalen bildar så att säga en svärm av oändligt små avvikelser från sitt respektive standardtal. Om Δ är en infinitesimal, så är $1+\Delta$ ett icke–standardtal med standarddelen 1 och icke–standarddelen Δ. Inom de reella talen är det ’inte möjligt’ att urskilja $1+\Delta$ från 1, och alltså går dessa heller inte att skilja åt med bråk, vilket skulle göra ”definitionsförslag” [*] ogiltigt.

Det här kan låta som en massa hokus pokus, men det är matematiskt intressant att det strikt formellt är möjligt att utveckla hela den matematiska analysens sedvanliga repertoar av satser och andra verktyg med de hyperreella talens taktik, istället för ε–δ–formalismens gränsvärden.

Ett sätt man skulle kunna komma runt den här andra punkten vore att tala om korrespondens eller representation istället för identitet:

[*′] *”Om ett tal är ett reellt tal så kan det på ett entydigt sätt approximeras med bråk till varje given noggrannhet $\varepsilon > 0$. Omvänt, om en talsymbol K entydigt kan approximeras med bråk till varje $\varepsilon > 0$, så finns det ett reellt tal K' som uppfyller exakt samma approximationsvillkor som K.”*

Jämför detta med den representationsprincip vi formulerade i tidigare avsnitt. På så sätt skulle man komma runt det undantag som Robinsons infinitesimaler innebär.

Denna formulering [*′] har inte den typiska logiska form som hör till en definition inom ett axiomsystem, enligt den moderna förståelsen, utan den av ett axiom eller teorem. En *definition* inom ramen för en modern axiomatisk–deduktiv presentation måste nämligen, strängt taget, vara en ekvivalens $A \Longleftrightarrow_{\mathsf{def}} B$ ("A gäller, per definition, om och endast om B") som i princip tillåter utbyte av varje förekomst av definiendum A med definiens B. Ett bra exempel på något som utgör en definition som faktiskt följer det här mönstret är definitionen av ett primtal. Som en ekvivalens kan denna formuleras:

> *p är ett primtal* $\Longleftrightarrow_{\mathsf{def}}$ *p är ett heltal större än 1 och de enda positiva heltalsdelarna till p är 1 och p*

Om vi i satsen "Det finns oändligt många primtal" ersätter definiendum 'primtal' med definiens får vi "Det finns oändligt många objekt p som är heltal större än 1 och vars enda positiva delare är 1 och p" — två påståenden som uppfattas som samma meddelande.

Ett axiom fattas dock som "en sorts" definition, nämligen som en *implicit definition* av de termer som axiomen uttalar sig om ('punkt', 'sträcka', etc). Kunde man kanske då istället säga att [*] eller [*′] "utgör axiom i matematiken", om än inte "definitioner strängt taget"? Svårigheten tror jag här har att göra med den första punkten: den mängdteoretiska katedralen och dess status av påstådd grundval för hela matematiken. Termen 'tal' är, till skillnad från 'mängd', inte en primitiv term i mängdteorin och dess mest välkända axiomsystem. Faktum är att till och med den i läromedlen vanligt förekommande definitionen av rationellt tal som ett tal som går att uttrycka, skriva som ett bråk, noga räknat inte utgör en definition inom den arkitektonik mängdkatedralen sätter. Om man inom katedralen frågar efter en definition av 'rationellt tal' kommer denna se mycket annorlunda ut, och inte innehålla termer som 'uttrycka' eller 'skrivas som'. Av de exemplifierade är det bara definitionen av primtal som håller måttet. Observera att denna definition inte försöker definiera heltal överlag, utan blott skilja ut en viss typ av heltal inom mängden $\mathbb{Z}$ av heltal, som i katedralen "konstrueras" utifrån $\mathbb{N}$, mängden av naturliga tal.

Dock: det är här inte alls min avsikt att faktiskt lägga fram ett förslag på definition. Tanken att vi när det gäller matematiken alltid skulle vara i behov av ett system av axiom och definitioner, följande något visst mönster för vad som får anses vara detta, för att nå klarhet (eller nå en känsla av stringens och säkerhet) med ett matematiskt begrepp eller en symbol går i sig att ifrågasätta. Det är inte märkligare än hur det är med vårt modersmål överlag: vi lär oss ju för det mesta inte de tusentals olika ordens bruk genom någon allmän mönstergill definition, utan snarare genom något sådant som en dans med orden, mot bakgrund av en oerhört sinnrik väv av situationer, lekar och verkliga omständigheter.

Satser som "Varje sträcka har en bestämd längd, som kan anges med ett bestämt reellt tal", "En sträcka är en längd utan bredd", och så vidare, utgör eller kan betraktas som grammatiska anmärkningar, i Wittgensteins mening. På samma sätt undrar jag om man inte kunde säga att satsen "Varje reellt tal kan approximeras med bråk" är en grammatisk reglering av termen 'reellt tal', som etableras och får fastare konturer under 1800–talet. Dedekinds konstruktion av $\mathbb{R}$ är ett av bidragen till den historiska processen av begreppens inbördes reglering. Den säger oss något om vad aktuell matematisk praxis tillåter alla gymnasieelever, ingenjörsstudenter, fysiker, och så vidare, att utan risk *säga* om en given reell konstantsymbol eller variabelsymbol. Anmärkningen uttalar sig så att säga om den makt eller kraft som är investerad i begreppet 'reellt tal'.

2.3.7 Konstruktion av $\mathbb{R}$ och det symboliska perspektivet

Samtliga av de mängdteoretiska konstruktionerna av $\mathbb{R}$ utgår från approximations–, representations– och identitetskriteriet som normen för varje möjlig konstruktions vettighet.

En fråga man därmed *kan* ställa sig är om eller i vilken mening det är 'nödvändigt' att genomföra konstruktionen i just *mängdlärans* symbolspråk och terminologi? Kan man inte tänka sig en 'konstruktion' av de reella talen som helt enkelt består i ett påminnande, förtydligande och återuppförande av de regler som gäller för reella tal, i den redan givna praktiken, men där man istället talar direkt i termer av *talsymboler* såsom $\sqrt{2}$, π och decimalseriens summa D? Att man tar 'symbol' som primitiv term snarare än 'mängd'? Hur detta kunde se ut har vi inledningsvis skissat på i den här uppsatsen.

För att 'försäkra sig om' att till exempel varje decimalsummeföljd (decimalutveckling) 'konvergerar mot ett reellt tal' inför man i de mängdteoretiska approacherna olika former av mängdkonstruktioner som ska satisfiera approximationskriteriet för decimalutvecklingar. Definitionen av dessa mängder utförs dock mot bakgrund av regler som i den matematiska och vetenskapliga praktiken redan är accepterade och normbildande. *Den fundamentala regel* som bestämmer hur den mängdteoretiska konstruktionen av 'summan av en decimalutveckling' överhuvudtaget får göras från första början är den följande:

[29] *Låt* $\{D_n\}_{n=0}^{\infty}$ *vara en decimalutveckling och antag att* D *är dess summa. Då gäller att*

$$D_n \leq D < D_n + 10^{-n}$$

för varje $n \in \mathbb{N}$.

Detta är det i praktiken accepterade villkor som tas som utgångspunkt för alla mängdteoretiska konstruktioner av decimalseriens summa. Men inser vi inte där att man lika gärna kunde ta detta kriterium direkt för införandet av decimalseriens summa som en symbolisk konstrukt, utan att så att säga behöva gå omvägen via 'oändliga klasser av cauchyföljder' eller 'snitt i den oändliga mängden av rationella tal'? Man inför en formell–algebraisk symbol $D = D[\{D_n\}]$ som är *definierad* av approximationsvillkoret [29]. Detta vore inte ett objekt av typen mängd, utan just det vi här kallar för en symbolisk konstrukt. Det verkar inte finnas någon direkt logiskt tvingande nödvändighet i att gå rutten genom mängdläran.

I matematikundervisning på universitet har återuppförandet av någon mängdteoretisk konstruktion (typiskt Cantors cauchyföljdsmetod eller Dedekinds snittmetod) delvis funktionen av bevismetoder, i det att de utgör modeller av den algebraiska strukturen FLOK, och delvis något av en *rituell* karaktär, skulle jag tro. Det är dock inte som att man i kurserna gör speciellt mycket av dem därefter. Det är inte som att man behöver dessa konstruktioner i (merparten av) matematisk problemlösning och tillämpning. Det är inte så utbildningen för exempelvis fysiker och ingenjörer ser ut i praktiken.

Dock kan man tänka sig att situationen såg annorlunda ut bland 1800–talets forskare. Där får jag intrycket av att man kunde säga att de mängdteoretiska konstruktionerna hade en annan roll (också en "retorisk" roll), vars effekt var att framkalla *en förvandling av åskådningssättet*, en aspektväxling. Man blev övertygad om att acceptera viss terminologi och sätt att se på de redan i den operativa vetenskapliga praktiken befintliga talsymbolerna. Väsentligen att det irrationella 'reella talet' inte är något ogripbart eteriskt problematiskt objekt vid sidan om sättet att approximera det, utan just själva dessa *villkor för approximationen själv.* Detta sätt att se på det reella talet reflekterar i dagsläget beslut inom samfundet av naturvetenskapliga forskare, ingenjörer och matematiker, grammatiska beslut rörande en viss term och dess användning.

Men samtidigt är behovet av något slags objekt att peka på i en viss typ eller nivå av tänkande oerhört starkt (här talar jag också av egen erfarenhet). På grund av den här starka upplevelsen av behovet av en ny värld av objekt varigenom den gamla kan betraktas, införde man en ersättning för "det förlorade objektet": nämligen abstrakta mängder, vilka på somliga håll kom att uppfattas som den egentliga, bakomliggande realiteten.

Nå, det är inte min avsikt att klanka ner på mängdläran eller dessa mängdteoretiska konstruktioner, men att förstå vilken roll eller plats de har ur synvinkeln av det filosofiska tänkandet. Två roller som de faktiskt har är (I) den idé– och vetenskapshistoriska samt (II) som tekniska bevismetoder i modern matematikvetenskap[25], i det att

[25]Denna tekniska dimension går vi igenom i artikeln "Typisk algebraisk axiomatisering av $\mathbb{R}$ och de mängdteoretiska konstruktionerna" (DFM III(c)).

de tillhandahåller formellt–algebraiska bevis för modellerbarheten av den algebraiska strukturen fullständigt (linjärt) ordnad kropp. Dessa är roller som aldrig kan berövas dem. Det som jag dock är benägen att ifrågasätta är den fortfarande tämligen utbredda föreställningen om (III) mängdläran som en sorts begreppslig–filosofisk grund eller yttersta norm för matematiken, även grundläggande allmän matematik. Något med karaktären av en sorts mytologisk överbyggnad på matematiken, som accepteras av somliga men inte alla matematiker respektive filosofer.

Det symboliska perspektiv på matematiken, som vi rör oss med här, innebär bland annat den tanken att man överhuvudtaget aldrig behöver leta efter eller uppfinna något slags flyende, ogripbart, eteriskt objekt vid sidan av det som redan är givet i praktiken, för att komma till klarhet med sådant som de irrationella talen och deras problematiska existens. Det objekt som vi verkligen behöver finns redan *här*, rakt framför oss, bara att dess natur och regler för opererandet behöver klargöras. Och detta 'objekt' är ingenting mindre och annat än *den matematiska symbolen.*

Så till exempel är det objekt som *tecknet* "$\sqrt{2}$" står för eller refererar till (om man så föredrar) *den operativa symbolen* $\sqrt{2}$. Det objekt som notationen "$\int_{-1}^{1} \sqrt{1-x^2}\, dx$" svarar mot är den operativa (sammansatta) symbolen $\int_{-1}^{1} \sqrt{1-x^2}\, dx$. Som operativa symboler är de på ett invecklat sätt led i människans matematiska verksamhet. De utgör själva *formerna (idéerna)* (frambesvärjande Platon) för tecknets användning i praktiken: som tecken, uttrycksgestalter, beteckningar kan "$\sqrt{2}$" och "$2^{1/2}$" fungera på samma sätt i praktiken, ha samma *form för sin användning*, och därmed konstituera samma symbol, även om de utgör olika sätt att beteckna.

Även mängdlärans symbolspråk går, tror jag, att förstå på det här sättet. Längs med det här spåret. Det framstår då inte som ett i någon logisk–filosofisk mening "absolut privilegierat" eller primärt språk och symbolsystem — om än kraftfullt, elegant och smidigt i många fall.

Det finns viktiga beröringspunkter mellan en sådan här symbolisk–semiotisk matematikfilosofi och det som kallas *formalism* i matematikfilosofin och matematisk grundvalsforskning under 1900–talet, en tankeriktning framförallt associerad med David Hilbert.[26] Men det är viktigt att understryka att det inte rör sig om samma sak i alla avseenden, eller enligt alla sätt på vilka ”formalismen” har uppfattats. Matematiken är *absolut inte* enbart ett ”spel med tecken”. Jämförelsen mellan olika regioner av matematiken — elementär geometri, aritmetik, elementär algebra, sannolikhetslära, mängdlära och abstrakt algebra, differential– och integralkalkyl, etc. — med spel av schacktypen behöver förstås på att annat sätt.

[26]Jag kan starkt rekommendera den intresserade läsaren den svenske filosofen och logikern Sören Stenlunds texter apropå det här temat.

2.4 Förslag på vidare läsning rörande de reella talen och analysens grunder

Klassiska texter

Samtliga nedanstående klassiska texter ur matematikens historia finns att tillgå på internet, om inte annat i engelsk översättning.

Euklides: *Elementa.* Bok V och X behandlar Eudoxos lära om proportioner och inkommensurabla storheter i geometrin.

Isaac Newton [Ca. 1720]. *Universal Arithmetick.* Postumt utgiven, efter föreläsningsanteckningar.

Leonhard Euler [1748]. *Introduction to the Analysis of the Infinite.* Euler utnyttjar förstås den klassiska europeiska analysens äldre terminologi och talar om 'kvantiteter', 'konstant kvantitet', 'variabel kvantitet', med mera.

Richard Dedekind [1872, –88]. *Essays on The Theory of Numbers.* Två av 1800–talets klassiska texter ur logikens och matematikens historia i engelsk översättning från 1901: "Continuity and Irrational Numbers" från 1872, i vilken Dedekind introducerar sin snittmetod för konstruktion/rigorös beskrivning av de reella talen, samt "The Nature and Meaning of Numbers" från 1888.

Georg Cantor [1872]. "Über die Ausdehnung eines Satzes aus der Theorie der trigonometrischen Reihen". Här introducerar Cantor cauchyföljdsmetoden.

G.H.Hardy [1908]: *A Course of Pure Mathematics.* Går igenom konstruktionen som dedekindsnitt.

Moderna läromedel

Hyltén–Cavallius, Carl & Sandgren, Lennart. *Matematisk analys I–II.* Lunds universitet [1962–64]. Ett äldre läromedel i matematisk analys avsett för grundkurser i ämnet vid universitet & högskola. Är väldigt omsorgsfull med definitioner och bevis.

Persson, Arne & Böijers, Lars–Christer. *Analys i en variabel* (Studentlitteratur, rev. utg. [2001]) och *Analys i flera variabler* (–, [1988]). Två flitigt använda läroböcker i matematisk analys med relativt klargörande beskrivning av de reella talen i inledning och går igenom grundläggande satser inom matematisk analys i appendix: monotonitetsaxiomet, supremumaxiomet, intervallinkapslingssatsen, satsen om mellanliggande värden, med mera.

Rudin, Walter. *Principles of Mathematical Analysis.* McGraw–Hill Inc., 3rd ed. [1976]. En flitigt använd lärobok i högre analys (den sorts mer teoretiska kurser som på engelska kallas ”mathematical analysis”, i kontrast till inledande kurser i ”calculus”, vilka är mer inriktade på att lära sig analysens grundhantverk).

Vretblad, Anders. *Algebra och geometri.* Gleerups [2006]. Detta är en utökad och reviderad utgåva av den mycket uppskattade läroboken *Algebra och kombinatorik* från 1985. Innehåller en introduktion till metoden med dedekindsnitt i appendix. Också en tillgänglig introduktion till grundläggande mängdlära och formell logik.

Stoll, Robert. *Set Theory and Logic.* W.H.Freeman & Co. rev. ed. [1963]. En mindre klassiker bland introduktioner till ämnet logik och mängdlära. Innehåller en fullständig genomgång av cauchyföljdskonstruktionen samt ger en introducerande översikt till mängdlära, sats– och predikatlogik, formella axiomsystem, beräkningsbarhet (algoritmteori), algebraisk karakterisering av talsystemen, med mera — överhuvudtaget det formella–algebraiska sättet att tänka i matematiken och logiken.

Matematikhistoria

Boyer, Carl & Merzbach, Uta. *A History of Mathematics.* John Wiley & Sons, 2nd ed. [1989]. Bland annat bra kapitel om analysens aritmetisering.

Thompson, Jan. *Historiens matematik.* Studentlitteratur [1991]. Innehåller även en genomgång av Bachmanns metod med intervallinkapsling för konstruktion av de reella talen.

Johansson, Bo Göran. *Matematikens historia.* Studentlitteratur [2013]. En intressant bok om matematikens historia.

Sjöberg, Boris. *Från Euklides till Hilbert. Historien om matematikens utveckling under tvåtusen år.* Åbo Akademis Förlag, 3:e uppl. [1998].

Filosofiska texter

Ett litet urval av filosofiska texter som kan vara belysande för denna artikel och andra.

Russell, Bertrand [1919]. *Introduction to Mathematical Philosophy.* Public Domain.

Stenlund, Sören [2018]. "Frege's Critique of Formalism". Artikel ur G.Bengtsson et.al (red.) *New Essays on Frege: Between Science and Literature.* Springer, 2018.

— [2014]. *The Origin of Symbolic Mathematics and the End of the Science of Quantity.* Uppsala Philosophical Studies 59. Uppsala Universitet, 2014.

— [1999]. *Filosofiska uppsatser.* Norma Bokförlag, 2000.

— [1990]. *Language and Philosophical Problems.* Routledge, 1990.

— [1988]. *Undersökningar i matematikens filosofi.* Thales, 1988.

Fann, K.T. [1969]. *Ludwig Wittgentein. En introduktion.* Daidalos, 1993.

Monk, Ray [1990]. *Ludwig Wittgenstein — Geniets plikt.* Daidalos, 1999. Detta är den mest utförliga biografin om denna centralfigur i

1900–talets filosofi, och betraktas som ett ”standardverk” även i akademiska kretsar. Den kan även läsas som en introduktion till W:s filosofi. Flera kapitel innehåller passager om W:s syn på matematiken.

Wittgenstein, Ludwig [1921]. *Tractatus Logico–Philosophicus.* Thales, 2005. Svensk övers. av prof. Anders Wedberg [1962].

Några postumt publicerade samlingar av anteckningar och föreläsningar, varav *Filosofiska undersökningar* är det närmaste man kan komma en ’bok i filosofi’ av den senare W. själv:

Wittgenstein, Ludwig [1953]. *Filosofiska undersökningar.* Thales, 1992. Finns också i en ny svensk övers. av Lars Hertzberg & Martin Gustafsson vid Åbo Akademi, utgiven 2021.

— [2nd ed. 1969]. *Blå boken och Bruna boken. Förberedande studier till ”Filosofiska undersökningar”.* Thales, 1999.

— [2nd ed. 1976]. *Wittgenstein’s Lectures on The Foundations of Mathematics, Cambridge 1939.* The University of Chicago Press, 1989.

— [3rd ed. 1978]. *Remarks on The Foundations of Mathematics.* Blackwell Publ., 2001.

— [1974]. *Philosophical Grammar.* Blackwell Publ., 2004.

3 Lock/portar

Teorifrågor

F1. (a) Ge exempel på reella konstantsymboler respektive variabelsymboler.

(b) Ge några exempel på egenskaper som skiljer sig mellan konstantsymboler och variabelsymboler.

(c) Vad kan man säga om reella talsymboler överlag och möjligheten att uttrycka alternativt approximera dem med bråk?

F2. (a) När säges ett reellt tal vara irrationellt?

(b) Ge tre exempel på irrationella tal.

(c) Vad kan sägas om möjligheten att approximera irrationella tal?

(d) Hur många decimaler på det irrationella talet π behövs som mest i nuvarande teknologiska och naturvetenskapliga sammanhang?

F3. (a) Formulera det vi här kallat för approximationsprincipen (eller –kriteriet).

(b) Hur kan den formuleras i termer av decimaltal?

F4. (a) Hur förhåller sig talsymbol, närmevärde och felgräns (noggrannhet) till varandra?

(b) Vad menas med en feluppskattning för ett reellt tal?

(c) Vad innebär det att en feluppskattning är grövre än/finare än en annan?

F5. Skriv följande påståenden med matematisk notation:

(a) ”Talet K ligger i intervallet mellan 0 och 1”

(b) ”Talet K ligger inom ett avstånd av 0,1 från 7”

(c) ”4,51 är ett närmevärde till K inom ett avstånd av 0,02”

F6. Vad innebär skrivsätten?

(a) $1/3 = 0{,}333\ldots$ (b) $\pi = 3{,}1415926\ldots$ (c) $1/10 = 0{,}1$

F7. (a) Vilka är skillnaderna och sambanden mellan begreppen decimaltal, decimalutveckling respektive reellt tal?

(b) Vad innebär det att ett reellt tal har en ändlig respektive oändlig decimalutveckling?

(c) Implicerar en oändlig decimalutveckling alltid ett irrationellt tal?

(d) Vad kännetecknar decimalutvecklingen till ett rationellt tal?

F8. Vad menas (i den här texten) med arvsprincipen för de reella talen?

F9. (a) Vad innebär (löst talat) utvidgningsprincipen för de reella talen?

(b) Hur gör man för att räkna med något av de fyra räknesätten, när minst en term/faktor är en irrationell talsymbol?

F10. Vad innebär approximationsregeln för kvadratrötter?

F11. Ange och bevisa likheter för uttrycken $\sqrt{ab}$ samt $\sqrt{a/b}$, där $a, b \in \mathbb{R}$.

F12. (a) Vad är en linjär ordningsrelation (på en mängd)?

(b) Vilket samband finns mellan approximationsprincipen och ordningsrelationens $\leq$ linjäritet?

F13. (a) Vad är innebörden av det som vi här kallat det symboliska representationskriteriet för $\mathbb{R}$?

(b) Ge några formuleringar av de reella talens fullständighetsaxiom.

F14. Under vilket villkor får två reella tal identifieras under likhetstecknet $(a = b)$?

Problem

P1. Beräkna $\pi + 6$ till tre decimalers noggrannhet.

P2. Talet e är 2,718 till tre decimalers noggrannhet.

(a) Ange en feluppskattning för talet e baserat på den givna informationen.

(b) Skriv närmevärdet till e på formen $e = 2{,}718 - \varepsilon_1 / + \varepsilon_2$, där felgränserna ε_1 och ε_2 är valda så små som möjligt givet informationen i uppgiften.

(c) Beräkna e^2 med det givna närmevärdet och gör en noggrann feluppskattning.

P3. Ett närmevärde till ett visst reellt tal a har beräknats till $a = 7{,}82 \pm 0{,}01$. Bestäm med rimlig feluppskattning: (a) $a + \sqrt{2}$ (b) $a\sqrt{5}$

P4. Utveckla uttrycket: (a) $(2+x)^2$ (b) $4(x-3)^2$ (c) $(x+4)(x-7)$

P5. Förenkla (där $a, b > 0$): (a) $\sqrt{72}/6$ (b) $\frac{\sqrt{36a^3b^6}}{\sqrt{4a}}$

P6. *Geometri.* (a) Ett klot med diametern $d = 13{,}5$ cm är fyllt med vätska upp till tre fjärdedelar. Bestäm mängden vätska inuti klotet.

(b) En cylinder har volymen $V = 40{,}0$ liter. Den är fem gånger så hög som den är bred. Bestäm diametern i cylindern.

(c) Antag att en cylinder precis omsluter ett klot med radien r, så att klotet och cylindern är lika höga. Hur många gånger större än klotet är i så fall cylindern?

Roten ur två, eller, diagonalen och sidan i en kvadrat

Artikel 2

Innehåll

Abstract

I det här dokumentet går vi igenom det sedvanliga beviset för att storleksförhållandet mellan diagonalen och sidan i en geometrisk kvadrat inte låter sig uttryckas exakt som ett enda bråk. Beviset för detta påstående återföres på ett bevis för att kvadraten på ett bråk a/b aldrig är exakt lika med 2. Beviset för att inget bråk har en kvadrat lika med talet två är, förmodligen, matematikens enskilt mest klassiska exempel på ett motsägelsebevis, på latin *reductio ad absurdum*. Därmed erhåller vi på samma gång ett bevis för att $\sqrt{2}$ är ett irrationellt tal, uttryckt i den moderna matematikens terminologi, symboler och notation.

Dessa klassiska resultat rörande diagonalen och sidan i en geometrisk kvadrat, och den känsla av förvåning och närmast paradox med vilka de var förenade i den grekiska vetenskapen och filosofin, bildar upptakten till den fördjupade matematiska och delvis logisk–filosofiska undersökning av det reella talbegreppet som fortsättes i övriga artiklar ur portfölj III(c) av DFM, och speciellt den tämligen fylliga uppsatsen ”Den reella talsymbolens principer och hantverk”.

1 Kärninnehåll

1.1 Inkommensurabla storheter och irrationella tal

De antika grekernas matematiska upptäckt att storleksförhållandet mellan diagonalen och sidan i en kvadrat inte låter sig uttryckas exakt som ett enda bråk — åtminstone i en *matematisk* mening av ordet ’exakt’ — kom som en stor överraskning för dem, eller till och med som en skandal. Så lyder i varje fall den gängse berättelsen om pythagoréerna och antikens matematik.

I och med upptäckten att vissa geometriska storleksförhållanden inte kunde analyseras på ett ändligt sätt med bråk, kom därför de grekiska matematikerna att göra en indelning av par av geometriska storheter (såsom sträckor, areor, volymer, vinklar, etc) i sådana som är **kommensurabla** med varandra och sådana som är **inkommensurabla** med varandra. ”Kommensurabel” betyder ungefär jämförbar, som går att mäta med samma måttstock. Kommensurabla storheter kännetecknas av att storleksförhållandet mellan dem är möjligt att uttrycka exakt med ett enda bråk. Storleksförhållandet mellan inkommensurabla storheter går per definition då endast att approximera med bråk.

Omkretsen och sidan i en kvadrat är exempel på kommensurabla storheter (storleksförhållandet är 4:1). Däremot är diagonalen och sidan i en kvadrat inkommensurabla, vilket vi alltså ska till att bevisa. Även omkretsen och diametern i en cirkel är inkommensurabla; det vill säga talet π är inte rationellt, ett matematiskt påstående som dock bevisades av matematiker först så sent som på 1800–talet.

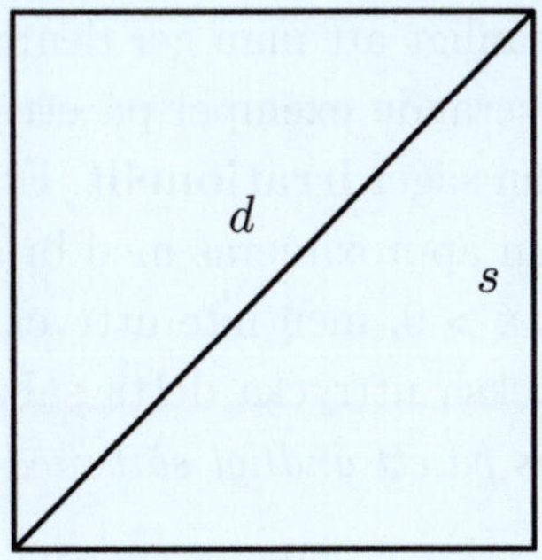

Figur 1: Diagonalen och sidan i en kvadrat är inkommensurabla. Kalla storleksförhållandet mellan diagonalen d och sidan s för α. Då finns det inget bråk som exakt uttrycker α. Däremot kan α approximeras med bråk: exempelvis är 1,4 ett närmevärde till en decimals noggrannhet.

Diagonalen och sidan i en kvadrat är det mest klassiska exemplet på två geometriska storheter som är inkommensurabla. Om vi låter storleksförhållandet mellan diagonalen och sidan betecknas α, så är konstaterandet om inkommensurabilitet ekvivalent med att konstatera att det inte finns något bråk som helt och hållet exakt uttrycker α. Däremot kan α approximeras med bråk, och i princip till vilken noggrannhet man så vill, åtminstone så länge felgränsen tillåts vara något större än noll.

I modern matematik skulle vi säga att storleksförhållandet mellan diagonalen och sidan motsvaras av det reella talet *kvadratroten ur två*, vanligtvis betecknad

$$\sqrt{2}$$

Annan notation är $2^{1/2}$ och sqrt(2).[1] Denna talsymbol kännetecknas speciellt av egenskapen att produkten av den med sig själv är lika

[1] I samband med programmering eller om man använder Googles inbyggda miniräknare, så behöver man skriva kvadratrötter som sqrt(2), sqrt(5), sqrt(7.89), etc.

med två:

$$\sqrt{2} \cdot \sqrt{2} = (\sqrt{2})^2 = 2$$

I läroböckerna är det vanligt att man ger denna specifika kvadratrot som ett första introducerande exempel på ett reellt tal som inte är rationellt, utan som man säger **irrationellt**. Ett irrationellt reellt tal är en talsymbol som kan approximeras med bråk, i princip till vilken noggrannhet som helst $\varepsilon > 0$, men inte uttryckas helt exakt med ett enda bråk. Man kan också uttrycka detta såhär: ett irrationellt tal *låter sig inte analyseras på ett ändligt sätt med bråk.*

Beviset för att diagonalen och sidan i en geometrisk kvadrat är inkommensurabla, reduceras i själva verket till att bevisa att det inte kan finnas något bråk a b–delar, vars kvadrat är lika med talet 2. Eller positivt uttryckt, vi kan visa det rent *talteoretiska* sambandet att för alla positiva heltal a och b är bråkkvadraten $(a/b)^2$ inte lika med 2.

I den moderna matematikens termer har vi därmed på samma gång visat att talet $\sqrt{2}$ är irrationellt, enligt definitionen av kvadratroten respektive irrationalitet. Det kan dock vara bra att vara medveten om att talsymbolen '$\sqrt{2}$' eller 'kvadratroten ur två' inte hade någon plats i det grekiska matematiska tänkandet. De införde inget nytt talbegrepp utöver de positiva heltalen och bråken. Istället 'valde' de att tala i termer av inkommensurabilitet och att hitta andra sätt att matematiskt beskriva och analysera det inkommensurabla som ett specialfall.

De resonemang som vi framställer i kommande avsnitt är av något mer antikt–grekiskt snitt, eftersom de formuleras utan att göra någon egentlig användning av symbolen $\sqrt{2}$. Detta är alltså i linje med den idéhistoriska utvecklingen.

1.2 Bevis för existensen av inkommensurabla storheter i geometrin och att $\sqrt{2}$ är irrationellt

Låt oss nu titta på det klassiska beviset för att diagonalen och sidan i en kvadrat är inkommensurabla. Till att börja med behöver vi konstatera följande samband:

[1] *Kvadraten på diagonalen inuti en kvadrat täcker ett precis dubbelt så stort område som den givna kvadraten.*

Ett sätt att ge ett bevis för påståendet är naturligtvis att använda Pythagoras sats. I det här fallet är det dock möjligt att ge ett bevis för påståendet som inte går vägen via Pythagoras sats. Detta bevis är också mycket berömt och förekommer i Platons dialog *Menon.* Däri presenteras problemet att givet en kvadrat finna en kvadrat med precis dubbelt så stor area. Detta kan kallas för **"Sokrates problem"**. I dialogen leder Sokrates Menons slav fram till insikt om samband [1], och därmed lösningen till problemet. Dialogens lösning till problemet kan stolpvis sammanfattas såhär:

1. Låt $ABCD$ vara den givna kvadraten.

2. Gör tre kopior av den givna kvadraten $ABCD$ och placera dessa omkring denna, så att de tillsammans bildar en större kvadrat, såsom i figur 2. Drag diagonalerna inuti de fyra kvadraterna på det sätt figuren visar.

2. Området $ACEF$ inuti den stora kvadraten utgör kvadraten på diagonalen AC.

3. Dessutom ser vi att $ACEF$ byggs upp av *fyra halvor av kvadraten* $ABCD$, vilket är lika mycket som två hela kvadrater $ABCD$.

4. Ur (2) och (3) drar vi slutsatsen att kvadraten på diagonalen är precis lika stor som dubbla kvadraten.

Sådär kan alltså ett annat argument för påstående [1] se ut.

För att komma vidare nu behöver vi följande **hjälpsats (lemma)**:

[*] *Om det fanns ett bråk a/b som förmådde uttrycka storleksförhållandet α mellan diagonalen och sidan i en kvadrat, så skulle*

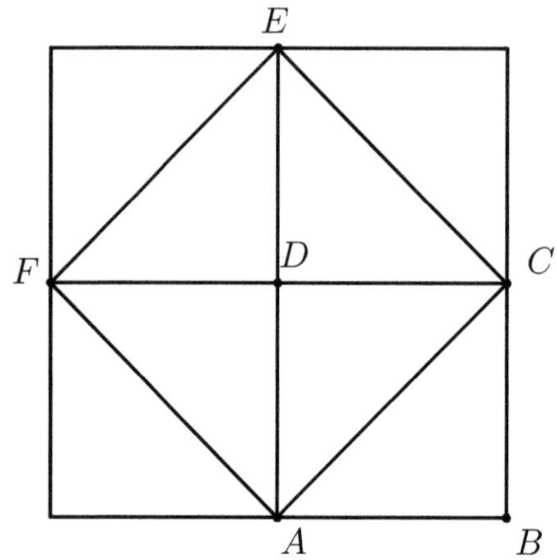

Figur 2: ”Sokrates bevis” för att kvadraten på diagonalen i en given kvadrat är precis dubbelt så stor som den givna kvadraten. Låt $ABCD$ vara den givna kvadraten. Kvadraten på diagonalen AC är kvadraten $ACEF$ och denna är precis dubbelt så stor som $ABCD$.

det bråket uppfylla ekvationen

$$\left(\frac{a}{b}\right)^2 = 2$$

Påståendet kan klargöras såhär:

1. Antag att det fanns två heltal a och b som förmådde uttrycka proportionerna mellan AC och AB. Vad det betyder är att påståendet P definierat som ”AC är exakt a b–delar av AB” i så fall vore sant.

2. Välj AB till längdenhet för mätningen. Givet detta val av längdenhet är $AB = 1$ l.e. och enligt (1) är $AC = a/b$ l.e.

3. Eftersom $AB = 1$ l.e. är arean av kvadraten $ABCD$ en enhetskvadrat. Dess area är därför exakt en areaenhet: $ABCD = 1$ a.e.

4. Ur sats [17] och rad (4) följer att arean av kvadraten på diagonalen är precis 2 a.e.

$$\text{kvadrat}(AC) = 2 \text{ a.e.}$$

5. Nu behöver vi rektangelns areaformel, som säger oss att arean av en rektangel är precis lika många areaenheter stor som produkten av basen

och höjden.

(Här uppstår ingen cirkularitet, eftersom rektangelns areaformel kan visas för det fall där bas och höjd är rationella tal, utan att man blandar in fallet med irrationella sidlängder.)

6. Med rektangelns areaformel (5) och rad (2) får vi att arean av kvadraten på diagonalen är

$$\text{kvadrat}(AC) = \left(\frac{a}{b}\right) \cdot \left(\frac{a}{b}\right) = \left(\frac{a}{b}\right)^2 \text{ a.e.}$$

7. Ur raderna (5) och (6) följer påståendet Q att "$(a/b)^2 = 2$".

8. Slutsatsen vi kan dra ur argumentet (1)–(7) är, att *om* P hade varit fallet, *så* skulle även Q vara det:

$$P \Longrightarrow Q$$

Detta är vad som skulle bevisas.

Därmed har vi nått fram till kärnpunkten i vårt resonemang, nämligen att konsekventen Q till implikationen i föregående sats [*] är matematiskt omöjlig:

[2] *Det finns inga heltal a och b som uppfyller ekvationen*

$$\left(\frac{a}{b}\right)^2 = 2$$

Låt oss kalla denna **satsen om irrationaliteten hos $\sqrt{2}$**.

Det klassiska beviset för den här satsen är dessutom vanligt som ett introducerande exempel på ett så kallat **motsägelsebevis** eller **reductio ad absurdum**, vilket ungefär kan översättas "återförande på det orimliga".[2] Låt S stå för det påstående som man vill leda i bevis. Idéen med ett motsägelsebevis är nu som följer:

(i) Antag först motsatsen till påståendet, det vill säga att S *inte* gäller.

[2]Motsägelsebevis återfinns som en tankefigur i Aristoteles logiska skrift *Den första analytiken*.

(ii) Visa därur att antagande (i) leder till en motsägelse, till något absurt eller orimligt.

(iii) Slutsatsen man drar är att S är sant.

Detta är den (formella) logiska formen hos ett motsägelsebevis.

Såhär lyder nu beviset för sats [2]:

1. Antag att motsatsen till påståendet är sant, det vill säga: ”Det finns heltal a och b sådana $(a/b)^2 = 2$.”

2. Vi gör dessutom det för resonemanget viktiga antagandet att bråket a/b är *maximalt förkortat.* (Resonemanget förlorar därmed inget väsentligt, eftersom vi i annat fall helt enkelt kunde kasta ut alla gemensamma faktorer.)

3. Följande sats är giltig för heltal: Produkten av två jämna heltal är jämn och produkten av två udda heltal är udda.[3]

4. Bråkräkning ger

$$(a/b)^2 = 2 \iff a^2/b^2 = 2 \iff a^2 = 2b^2$$

Ur den sista likheten följer att 2 är en delare till a^2, det vill säga att a^2 är jämnt. Enligt rad (3) måste därför även a vara jämnt. Det finns alltså något heltal k sådant att $a = 2k$.

5. Heltalsaritmetik ger

$$2b^2 = a^2 = (2k)^2 = 4k^2$$

Division av vänsterled och högerled med 2 ger

$$b^2 = 2k^2$$

På samma sätt som i (4) följer att b^2 är ett jämnt heltal, och alltså att även b är jämnt!

6. Rad (4) och (5) medger att 2 är en gemensam delare till a och b. Men antagandet i (2) var att a/b är ett maximalt förkortat bråk, och därför

[3]Ett algebraiskt bevis: Om n är jämnt, så är $n = 2k$, för något heltal k. Då är $n^2 = (2k)^2 = 2 \cdot (2k^2)$, vilket är ett jämnt heltal. Om n istället är udda, så är $n = 2k + 1$, och då är $n^2 = (2k+1)^2 = 4k^2 + 4k + 1 = 2(2k^2 + 2k) + 1$, vilket är ett udda heltal.

saknar gemensamma delare. Vi har nått fram till en logisk motsägelse.

7. Slutsatsen är att hypotesen (1) är orimlig och att det inte finns något bråk vars kvadrat är lika med två. *Q.E.D.*

Argumentet (1)–(7) är alltså vad som i modern matematik ofta betraktas som exemplet *par excellence* på ett *reductio ad absurdum*. Resonemanget kan i väsentliga drag spåras hos pythagoréerna och i Euklides *Elementa* (detaljerna lämnar jag till den matematikhistoriskt intresserade).

Notera här att motsägelsebeviset till [2] är 'rent aritmetiskt', och såtillvida logiskt oavhängigt anknytningen till det geometriska problemet att uttrycka förhållandet mellan diagonalen och sidan i en kvadrat.

Med ledning av sats [2] och hjälpsats [*] kan vi dock dra slutsatsen att det inte finns något sätt att helt exakt uttrycka storleksförhållandet mellan diagonalen och sidan i en kvadrat som ett enda bråk. Eller annorlunda uttryckt: det går inte att på ett ändligt sätt analysera med bråk.

Enligt definitionen av inkommensurabilitet får vi som avslutning **satsen om inkommensurabiliteten mellan diagonalen och sidan i en kvadrat** i klassisk geometri:

[3] *Diagonalen och sidan i en kvadrat är inkommensurabla. Det vill säga: det finns inget sätt att exakt uttrycka storleksförhållandet mellan diagonalen och sidan som ett enda bråk a b–delar.*

Och där är vi klara.

2 Lock/portar

Teorifrågor

F1. (a) Ge ett exempel på ett par av geometriska storheter som är inkommensurabla.

(b) Vad menas med kommensurabilitet respektive inkommensurabilitet?

F2. Vilket samband finns mellan talet $\sqrt{2}$ och diagonalen och sidan i en geometrisk kvadrat?

F3. Vad är innebörden av ”Sokrates problem”? Hur kan det lösas?

F4. Till vilket rent talteoretiskt samband kan beviset för att diagonalen och sidan i en kvadrat är inkommensurabla reduceras?

F5. Bevisa att det inte finns något bråk vars kvadrat är lika med 2.

Problem

P1*. Ge ett analogt bevis för att $\sqrt{3}$ är irrationellt, genom att visa att det inte finns några heltal a och b, för vilka $(a/b)^2 = 3$.

P2*. Visa att kvadratroten ur ett positivt heltal för det allra mesta är irrationell, undantaget det fall där det givna heltalet utgör en heltalskvadrat, genom att reducera till följande påstående:

[4] *Om bråket a/b inte är ett heltal, så är heller inte $(a/b)^2$ ett heltal.*

[Ledtråd: utnyttja aritmetikens fundamentalsats.]

Periodiska decimalutvecklingar

Artikel 3

Innehåll

Abstract

Vi konstaterar och ger bevis för att varje bråk/rationellt tal har en periodisk decimalutveckling, och omvänt, att varje periodisk decimalserie (som inte övergår i en oändlig upprepning av 9:or) utgör decimalutvecklingen för ett bestämt rationellt tal. Därmed finner vi ett enkelt sätt att så att säga trolla fram nya irrationella talsymboler: det är bara att välja en regel för en aperiodisk decimalutveckling.

1 Kärninnehåll

1.1 Från bråk till periodisk utveckling

Decimaltalen är en delmängd av de rationella talen, eftersom varje decimaltal kan skrivas om som ett enda bråk. Decimaltalet 1,25 kan skrivas om som bråket 125 100–delar till exempel:

$$1{,}25 = 1 + \frac{2}{10} + \frac{5}{100} = \frac{100}{100} + \frac{20}{100} + \frac{5}{100} = \frac{125}{100}$$

Däremot gäller inte det omvända: inte varje bråk kan uttryckas exakt som ett enda decimaltal. Decimaltalen är med andra ord en äkta delmängd av de rationella talen. Vid decimalutvecklingen av ett bråk med hjälp av divisionsalgoritmen är det därför bara i somliga fall i vilka processen slutligen ger resten noll. Naturligtvis kan dock varje bråk decimalutvecklas till ett valfritt antal decimaler. Detta ger decimala närmevärden till bråket med godtyckligt fin noggrannhet i approximationen, beroende på hur många decimaler man väljer.

Däremot är det faktiskt så att varje bråk har en **periodisk decimalutveckling**. Detta är aldrig fallet med irrationella tal såsom $\sqrt{2}$ eller π, utan är något som kännetecknar just bråkens decimalutveckling. Med andra ord, irrationella tal kännetecknas av att de har **aperiodiska** decimalutvecklingar. Med att decimalutvecklingen är periodisk menas att det finns en följd av siffror som hela tiden upprepar sig efter ett tag vid decimalutveckling av bråket. Längden av den minsta följd av siffror för vilken detta gäller kallar vi för **periodlängden** (eller **perioden**) och själva blocket av dessa siffror "..." kallar vi för **perioden** alternativt **repetenden** i decimalutvecklingen av bråket. När man har upptäckt decimalutvecklingens period behöver man inte längre utföra divisionsalgoritmen utan det räcker med att bara upprepa perioden så länge man önskar.

Exempel 1. (a) Eftersom $1/4 = 0{,}25$ är den kortaste perioden siffran

"0" och decimalutvecklingens periodlängd är 1:

$$\frac{1}{4} = 0{,}25000\ldots$$

(b) Bråket 1/3 kan inte uttryckas exakt som ett decimaltal, däremot approximeras till ett godtyckligt antal decimaler:

$$\frac{1}{3} \approx 0{,}3333333$$

Decimalutvecklingen av 1/3 har perioden "3" och har periodlängden 1. Varför det blir så visar sig då man utför division av 1 med 3 genom divisionsalgoritmen. I varje steg får man samma rest 1, vilket ger den följande frågan "Hur många gånger går 3 i 10?" I ett sånt här fall, där perioden är ganska så uppenbar, kan man använda skrivsättet:

$$\frac{1}{3} = 0{,}333\ldots$$

(c) Division av 22 med 7 till ett stort antal decimaler med hjälp av divisionsalgoritmen ger

$$\frac{22}{7} \approx 3{,}1428571428$$

Eftersom upprepning av resten sker på position -7 från decimalkommat räknat, kan vi konstatera att perioden är "142857" med längden 6. Decimalutvecklingen till bråket 22 7–delar har alltså perioden "142857" och periodlängden 6. □

Ett annat sätt att skriva ned decimalutvecklingen på ett sätt som tydligt signalerar vad perioden är och var den börjar är följande:

$$\frac{22}{7} = 3,[142857]$$

(I litteraturen förekommer också skrivsättet $3{,}\overline{142857}$.) Med detta skrivsätt har vi

$$\frac{1}{4} = 0{,}25[0]$$

och

$$\frac{1}{3} = 0,[3]$$

1.2 Förklaring till periodiciteten

Låt oss nu titta på

Fråga 1. "Hur kommer det sig att decimalutvecklingen av ett bråk alltid är periodisk?"

För att finna en bra förklaring låt oss titta på ett konkret exempel som uppvisar det allmänna mönstret.

Exempel 2. Vi sätter $a = 40$ och $b = 54$ och utför divisionsuppställningen "trappan". Resultatet visas i figur 1.

1. I första steget får vi 0 som svaret på hur många gånger b går i a, så att heltalsdelen är 0 före decimalkommat och resten $r_1 = a = 40$.
2. Vi förlänger r_1 med en 0:a, det vill säga multiplicerar r_1 med faktorn 10, och räknar hur många gånger $b = 54$ går i $10r_1$. Detta ger vår första siffra efter decimalkommat som $d_1 = 7$ och resten $r_2 = 10r_1 - d_1b = 400 - 378 = 22$.
3. Vi fortsätter på samma sätt: vi förlänger r_2 med en faktor 10 och räknar hur många gånger 54 går i $10r_2$, vilket ger nästa decimal $d_2 = 4$ och resten $r_3 = 10r_2 - d_2b = 220 - 216 = 4$.
4. Vi förlänger r_3 med faktorn 10 och får $d_3 = 0$ och $r_4 = 10r_3 - d_3b = 40 - 0 = 40$.

Och där stannar vi. Detta därför att vi nu kan notera att den rest vi har erhållit i fjärde steget är exakt samma som i första, alltså att $r_1 = r_4$. Därefter kommer samma mönster helt enkelt upprepa sig. Att det här är vad vi alltid har att förvänta oss beror på att resten r_i alltid ligger mellan 0 och nämnaren b, närmare bestämt $0 \leq r_i < b$. Vi har bara ett ändligt antal "fack" b stycken som resten r_i kan hamna i. Förr

$$
\begin{array}{r|l}
 & 0{,}740740\ldots \qquad = 0{,}d_1d_2d_3d_4d_5d_6\ldots \\
\hline
54 & 40{,}\emptyset\emptyset\emptyset\emptyset\ldots \\
 & \underline{-00} \\
 & 400 \qquad = 10r_1 \\
 & \underline{-378} \\
 & \;\;220 \qquad = 10r_2 \\
 & \underline{-216} \\
 & \;\;\;\;40 \qquad = 10r_3 \\
 & \;\;\;\underline{-00} \\
 & \;\;\;400 \qquad = 10r_4 \\
 & \;\;\;\;\;\vdots
\end{array}
$$

Figur 1: Divisionsalgoritmen enligt uppställningen "trappan" utförd på täljaren $a = 40$ och nämnaren $b = 54$. Den fjärde resten r_4 är samma som r_1, därefter sker upprepning. Perioden/repetenden är "740" och periodlängden är 3.

eller senare får vi antingen resten 0 eller så måste upprepning ske, och där har vi förklaringen till periodiciteten genom paradigmexempel. □

Utgående från exempel 2 kan vi formulera ett generellt, abstraherat resonemang som förklaring till/bevis för periodiciteten:

1. Utan förlust i resonemanget allmängiltighet kan vi anta att $0 < a < b$, så att heltalsdelen vid divisionen är 0, och dessutom att a och b har samma antal siffror. I annat fall kan vi helt enkelt multiplicera a med lämplig 10–potens, som vi sedan dividerar varje element i decimalutvecklingen med.

2. Vi använder divisionsalgoritmen. I första steget får vi heltalsdelen 0 före decimalkommat och första resten $r_1 = a$. Men vid varje ytterligare steg vi tar i beräkningen förlänger vi en given rest r_i, där $i = 1, 2, 3, \ldots$, med en faktor 10 och räknar hur många gånger b går i $10r_i$.

3. För resten r_i vid denna heltalsdivision gäller förstås att $0 \leq r < b$, det

vill säga r är ett av talen $0, 1, 2, \ldots, b-1$.

4. Eftersom det bara finns b sådana möjliga "fack" kommer man någon gång under processen antingen få resten 0 (divisionen går jämnt ut) eller få exakt samma rest som vid ett tidigare steg. Om exempelvis $r_{13} = r_{38}$ så kommer sifferträngen (perioden) $d_{13} \ldots d_{37}$ upprepa sig i all oändlighet efter decimal d_{37}.

□

Ett sätt att besvara fråga 1 är alltså:

> "Vid varje steg av decimalutveckling av bråket genom divisionsalgoritmen får man en rest som är något av talen 0 till bråkets nämnare minus 1. Eftersom det bara finns ett ändligt antal möjliga fack kommer man någon gång under processen få exakt samma rest som vid ett tidigare steg. Därav den periodiska upprepningen."

Låt oss sammanfatta det vi har kommit fram till i en display:

[1] *Decimalutvecklingen till ett bråk a/b är periodisk. Decimalutvecklingen till bråket kan erhållas med hjälp av divisionsalgoritmen.*

1.3 Från oändlig periodisk utveckling till bråk

Faktum är att varje möjlig periodisk decimalutveckling (undantaget decimalföljder som vid någon punkt övergår i en oändlig upprepning av 9:or) korresponderar mot ett och endast ett rationellt tal, på så sätt att man kan finna minst ett bråk som har den givna periodiska decimalserien som decimalutveckling.

För att finna det rationella tal som en given periodisk decimalserie motsvarar kan man gå tillväga på följande sätt.

Exempel 3. Vilket rationellt tal svarar mot den periodiska decimalserien?

$$S = 20{,}12[92675]$$

Lösning: 1. Börja med att bestämma efter hur många decimaler den första perioden framträder. Detta antal är 2. ”Multiplikation” av decimaltalsföljden S med tiopotensen 10^2 ger

$$10^2 \cdot S = 2012,[92675]$$

2. Periodlängden är 5 och om vi nu istället ”multiplicerar” talföljden med $10^{2+5} = 10^7$ får vi

$$10^7 \cdot S = 201292675,[92675]$$

3. ”Subtraktion” av den senaste följden med den förra ger en ”ekvation” som vi med en gång löser:

$$\begin{aligned} 10^7 \cdot S - 10^2 \cdot S &= 201292675,[92675] - 2012,[92675] \\ &= 201292675 - 2012 = 201290663 \\ (10^7 - 10^2) \cdot S &= 201290663 \\ 9999900 \cdot S &= 201290663 \\ S &= \frac{201290663}{9999900} \end{aligned}$$

4. Det bråk som faller ut i det sista steget av lösningen i (3) har den efterfrågade decimalutvecklingen S. □

Resonemanget (1)–(4) visar den allmänna metoden: *För en given periodisk decimalutveckling går det att finna ett bråk som har denna periodicitet genom att ”multiplicera” decimalutvecklingen med lämpliga tiopotenser och lösa den resulterande ”ekvationen”.*

I det fall man har en periodisk decimalsummeföljd som vid någon punkt övergår i en oändlig upprepning av 9:or korresponderar denna mot den följd där den sista siffra som inte är 9 ökas med 1 varefter en oändlig upprepning av 0:or inträder. Följden 2,6584999... korresponderar till exempel mot samma rationella tal som följden 2,6585000... (vilket också kan ”visas” med ovanstående metod)

Vi sammanfattar det vi har kommit fram till:

[2] *Ett reellt tal är rationellt om och endast om det har en periodisk decimalutveckling (som är entydigt bestämd om man undviker följder som någonstans övergår i en oändlig upprepning av 9:or).*

Detta är alltså inte definitionen av 'rationellt tal', utan ett teorem.

1.4 Decimalserier som övergår i en oändlig upprepning av 9:or

Några ord om decimalserier som någonstans övergår i en oändlig upprepning av 9:or. Enligt det sätt som decimalutvecklingen för ett reellt tal är definierad, så kan en sådan aldrig övergå i en oändlig upprepning av 9:or, utan i så fall bara en oändlig upprepning av 0:or, det vill säga motsvarande rationella tal är ett decimaltal.

En decimalserie med oändlig upprepning av 9:or motsvarar dock ett rationellt tal som sitt gränsvärde, nämligen det decimaltal man erhåller genom att addera 1 till den sista decimalpositionen före den oändliga upprepningen av 9:or och ta bort alla efterföljande siffror (eller byta ut 9:orna mot 0:or om man så vill).

Exempel 4. (a) Den oändliga decimalsummeföljden 0,24999... har gränsvärdet $0{,}25 = 1/4$, vilket vi erhåller genom att addera 1 till 4:an på decimalposition -2 och ta bort 9:orna.

(b) Den oändliga serien 0,999... har gränsvärdet 1, vilket vi får genom att addera 1 till 0:an på decimalposition 1 (entalspositionen) och ta bort alla 9:or. □

1.5 Aperiodiska decimalutvecklingar och irrationella tal

Eftersom rationella tal korresponderar mot periodiska decimalutvecklingar är det naturligtvis mycket lätt att (upp)finna nya irrationella talsymboler, helt enkelt genom att definiera dem via något val av regel för en aperiodisk decimalserie. Därefter kan man lätt approximera dessa irrationella tal till vilken noggrannhet man så önskar!

Exempel 5. (a) Decimalserien

$$R = 0{,}10110111011110\ldots$$

genererar en irrationell talsymbol, enligt regeln att strängar av siffran "1" av teckenlängd $1, 2, 3, \ldots$ ska separeras av en 0:a (jämför med avsnitt 1.5.5 ur artikeln "Den reella talsymbolens principer och hantverk").

(b) På samma sätt, låt $s_n =$ "$111\ldots1$" vara en sträng av 1:or med längden $f(n) = n^2$ för $n = 1, 2, 3, \ldots$, och sätt

$$R = R(s_n) = 0{,}s_1 0 s_2 0 s_3 0 \ldots$$

för alla positiva heltal n. Eftersom längden av s_n är en strängt växande talföljd är decimalserien aperiodisk och genererar en irrationell talsymbol.

(c) Generellt, låt $s_n =$ "$111\ldots1$ och $t_n =$ "$000\ldots0$" vara strängar av 1:or respektive 0:or av längden $f(n)$ respektive $g(n)$, där

$$f, g : \mathbb{Z}^+ \to \mathbb{N}$$

är aritmetiska funktioner och antingen f eller g är strängt växande. Då genererar

$$R = R(s_n, t_n) = 0{,}s_1 t_1 s_2 t_2 s_3 t_3 \ldots$$

ett irrationellt tal. □

2 Lock/portar

Teorifrågor

F1. Vad innebär det att en decimalutveckling är periodisk? Vad är perioden/repetenden respektive periodlängden i följande decimalutveckling?

$$45{,}000333576576576576\ldots$$

Finns det ett kortare sätt att uttrycka decimalutvecklingen ovan?

F2. Hur kommer det sig att decimalutvecklingen till ett bråk är periodisk? Kan du förklara med hjälp av något exempel?

F3. Hur ser sambandet ut mellan periodiska decimalutvecklingar och rationella tal?

F4. Hur kan man enkelt generera nya irrationella talsymboler?

Problem

P1. Bestäm kvoten som ett decimaltal genom någon uppställning för divisionsalgoritmen. Om divisionen inte går jämnt ut ange perioden för kvotens decimalutveckling med lämplig notation:

a) 83/4 b) 594/6 c) 3293/5

d) 365/7 e) 8542/12 f) 95,2/1,1

g) 46,33/1,5

P2. Skriv decimaltalet som ett enda bråk:

a) 1,23 b) 2,942 c) 31,25

P3. Finn ett bråk som korresponderar mot den periodiska decimaltalsföljden

$$14{,}873944394439443944\ldots$$

P4. (a) Hitta på en aperiodisk decimalserie! Approximera dess motsvarande irrationella tal till tjugo decimalers noggrannhet.

(b) Konstruera en irrationell talsymbol utifrån de aritmetiska funktionerna $f(n) = n^2 + 1$ och $g(n) = n + 2$ för $n = 1, 2, 3, \ldots$

Identifiering av irrationella heltalsrötter

Artikel 4

Innehåll

Abstract

I det här dokumentet är vår avsikt att härleda ett välkänt kriterium, varigenom man med lätthet sedan kan avgöra om en given heltalsrot är irrationell eller inte. Vi ska med andra ord *identifiera* irrationella heltalsrötter och därmed *klassificera* samtliga heltalsrötter i rationella respektive irrationella. Beviset bygger väsentligen på bråkräkning och två grundläggande resultat ur talteorin: aritmetikens fundamentalsats och Euklides hjälpsats, vars innebörd vi också kommer att påminna oss om.

1 Kärninnehåll

1.1 k–Rötter

Låt k vara ett positivt heltal. Med **k–roten** ur ett icke–negativt (reellt) tal a menas det entydigt bestämda icke–negativa reella tal r som är sådant att

$$r^k = a$$

k-Roten ur a betecknas med något av skrivsätten

$$\sqrt[k]{a} \quad \text{eller} \quad a^{1/k}$$

För $k = 1$ får vi $\sqrt[k]{a} = a$, eftersom $a^1 = a$, för alla tal oavsett. Sätt $k = 2$ och vi får den vanliga *kvadratroten*. För $k = 3$ får vi *kubikroten*. Givetvis är $\sqrt[k]{0} = 0$ för alla positiva heltal k.

Exempel 1. $\sqrt[2]{9} = \sqrt{9} = 3$ eftersom $3^2 = 9$.

$\sqrt[3]{8} = 2$, eftersom $2^3 = 8$.

$\sqrt[4]{10\,000} = 10$, eftersom $10^4 = 10000$. □

1.2 Primtalen: några påminnelser

Aritmetikens fundamentalsats och Euklides hjälpsats (för bevis av dessa, se relevanta artiklar ur DFM II eller konsultera nätet) ger ett sätt att klassificera k–rötterna ur de naturliga talen $\mathbb{N}$ i rationella respektive irrationella. De irrationella rötterna visar sig då vara mycket frekventa: rättare sagt det man allt som oftast har att förvänta sig av en heltalsrot.

Låt oss till att börja med påminna oss om innebörden av aritmetikens fundamentalsats och Euklides hjälpsats ur talteorin. Vi använder skrivsättet $a \mid b$ för påståendet att *heltalet a är en delare till heltalet b*, definierat som att det finns något heltal c för vilket $b = c \cdot a$.

Aritmetikens fundamentalsats har innebörden att:

[1] *Varje heltal större än 1 kan skrivas som en produkt av primtal. Bortsett från i vilken ordning man ställer primtalen är denna uppdelning i primtalsfaktorer entydigt bestämd.*

Euklides hjälpsats lyder:

[2] *Om primtalet p delar produkten av heltal ab, så delar p också minst ett av heltalen a och b.*

Med SPM–logik:

$$p \mid ab \implies p \mid a \vee p \mid b$$

för alla primtal p och heltal a och b.

En omedelbar konsekvens av Euklides hjälpsats är:

[3] *Om primtalet p delar den mångfaldiga produkten $a_1a_2 \ldots a_m$, så delar p också minst ett av heltalen $a_1, a_2, \ldots, a_m$.*

Låt oss nu se hur dessa klassiska talteoretiska resultat kan utnyttjas för klassifikationen av heltalsrötter.

1.3 Satsen om irrationella k–rötter

Låt oss kalla följande för **satsen om irrationella k–rötter**:

[4] *Låt n och k vara heltal större än 1. Om då heltalet n inte är en k–potens av något heltal, om det alltså inte finns något heltal m sådant att $n=m^k$, så är $\sqrt[k]{n}$ irrationell.*

En direkt följd av denna sats är att precis alla **primtalsrötter** är irrationella. Vi har därmed funnit en oändlig klass av irrationella rötter. Det är liksom en skog av irrationella rötter som breder ut sig utan gräns (se figur 1).

Sats [4] är en konsekvens av en sats som kan betraktas som en *speglande omformulering* av den förra, i vilken termen 'irrationellt tal' inte blandas in:

$$\begin{array}{ccccc}
\sqrt{2} & \sqrt[3]{2} & \sqrt[4]{2} & \sqrt[5]{2} & \cdots \\
\sqrt{3} & \sqrt[3]{3} & \sqrt[4]{3} & \sqrt[5]{3} & \cdots \\
\sqrt{5} & \sqrt[3]{5} & \sqrt[4]{5} & \sqrt[5]{5} & \cdots \\
\sqrt{7} & \sqrt[3]{7} & \sqrt[4]{7} & \sqrt[5]{7} & \cdots \\
\vdots & \vdots & \vdots & \vdots & \ddots
\end{array}$$

Figur 1: Alla primtalsrötter är irrationella.

[5] *Låt $A = a/b$ vara ett rationellt tal som inte är ett heltal och låt k vara ett positivt heltal. Då är k–potensen*

$$\left(\frac{a}{b}\right)^k$$

inte ett heltal.

Antag nämligen att n inte kan skrivas som en k–potens av något annat heltal m. I så fall kan det heller inte finnas något bråk a/b sådant att $(a/b)^k = n$, på grund av sats [5] tillsammans med det faktum att n är ett heltal.

Principskissen för beviset är den här: Gör antagandet att a/b är ett bråk som inte motsvarar något heltal, och som dessutom är *maximalt förkortat*, så att alltså alla eventuella gemensamma faktorer har förkortats bort. Primtalsfaktoriserar man nu nämnare och täljare och tänker efter inser man att k–potensen av a/b också saknar gemensamma delare större än 1. Alltså är den inte ett heltal.

Till beviset:

1. Låt a/b vara ett bråk som inte motsvarar ett heltal och antag att bråket a/b är maximalt förkortat.

2. Eftersom a/b enligt (1) inte är ett heltal, måste nämnaren b vara större än 1. Alltså har b minst en primfaktor. Antag att primtalsfaktoriseringen av bråket ser ut något i den här stilen:

$$\frac{a}{b} = \frac{p_1^3\, p_2^6\, p_3^{58}}{q_1^2\, q_2^7}$$

(Detta fungerar som vårt paradigmexempel.)

3. Bråkräkning ger att:

$$\left(\frac{a}{b}\right)^k = \frac{a^k}{b^k} = \frac{(p_1^3\, p_2^6\, p_3^{58})^k}{(q_1^2\, q_2^7)^k} = \frac{(p_1^3)^k\, (p_2^6)^k\, (p_3^{58})^k}{(q_1^2)^k\, (q_2^7)^k} = \frac{p_1^{3k}\, p_2^{6k}\, p_3^{58k}}{q_1^{2k}\, q_2^{7k}}$$

Eftersom k är ett positivt heltal är var och en av exponenterna till primtalen p_i och q_j i sista ledet av kedjan av likheter strikt större än 0.

4. Ur Euklides hjälpsats följer att ingen primtalsfaktor i nämnaren till det sista uttrycket i kedjan av likheter (3) kan vara en delare till täljaren. (För bevis av påstående (4), antag nämligen det motsatta: till exempel att $q_1 \mid a^k$. I så fall är q_1 en delare till något av primtalen i faktoriseringen av a^k, enligt konsekvens [3] till Euklides hjälpsats. Låt oss säga $q_1 \mid p_2$. Men detta är möjligt endast om $q_1 = p_2$. Därav följer i så fall att bråket a/b skulle kunna förkortas ytterligare, vilket motsäger antagandet (1) att bråket är maximalt förkortat. Vi har nått en logisk motsägelse, och drar slutsatsen (4).)

5. Konstaterandet i rad (4) medför att även bråket $(a/b)^k$ är maximalt förkortat; det finns inga gemensamma delare till täljaren och nämnaren större än 1. Givet utseendet av $(a/b)^k$ i sista ledet av likhetskedjan (3) inser vi att detta bråk inte utgör ett heltal.

Beviset är klart. □

Exempel 2. Visa att följande rötter är irrationella: (a) $\sqrt{5}$ (b) $\sqrt[3]{48}$

Lösning: (a) Eftersom $2^2 = 4 < 5 < 9 = 3^2$, så är 5 inte kvadraten av ett annat heltal. Ur teorem 4 följer att $\sqrt{5}$ är irrationell.

(b) Kubikroten $\sqrt[3]{48}$ är irrationell eftersom $3^3 = 27 < 48 < 4^3 = 64$, av vilket framgår att 48 inte är kuben på något annat heltal. □

2 Lock/portar

Teorifrågor

F1. (a) Vad menas med k–roten till ett icke–negativt reellt tal, för ett givet positivt heltal k?

(b) Vad kan man säga om k–roten för $k = 0$ eller 1? Vad kallas k–roten i fallen $k = 2$ respektive $k = 3$?

F2. (a) Hur lyder satsen om irrationella k–rötter?

(b) Vad faller ur satsen omedelbart ut som en mycket stor klass av irrationella rötter?

F3. (a) Hur kan satsen om irrationella k–rötter ges en speglande omformulering som gör det möjligt att bevisa påståendet?

(b) Hur kan aritmetikens fundamentalsats och Euklides hjälpsats utnyttjas för att bevisa satsen om irrationella k–rötter?

Problem

P1. Avgör om följande kvadratrötter är irrationella:

(b) $\sqrt{6}$ (c) $\sqrt{144}$ (d) $\sqrt{35}$ (e) $\sqrt{3364}$

P2. Avgör om följande kubikrötter är irrationella:

(a) $\sqrt[3]{9}$ (b) $\sqrt[3]{216}$ (c) $\sqrt[3]{77}$

Typisk algebraisk axiomatisering av $\mathbb{R}$ och de mängdteoretiska konstruktionerna

Artikel 5

Innehåll

Abstract

I det här dokumentet går vi igenom:

- Den typiska algebraiska beskrivningen av $\mathbb{R}$ som en *fullständigt (linjärt) ordnad kropp*, här förkortat FLOK.
- De två mest klassiska metoderna för symbolisk konstruktion av 'de reella talen' och därmed existensbevis för den algebraiska strukturen fullständigt ordnad kropp: *Dedekinds snittmetod* respektive *Cantors cauchyföljdsmetod*, bägge två framlagda vid början av 1870–talet. Båda dessa konstruktioner utförs i mängdlärans terminologi och notation.
- En skiss av beviset för den mest välkända *logisk–algebraiska karakteringen* av $\mathbb{R}$, med innebörden att alla algebraiska strukturer av typen FLOK är isomorfa — det finns väsentligen bara en struktur av den typen. I logiken och algebran säger man också att FLOK är ett *kategoriskt* axiomsystem, struktur, teori.

Därtill några inledande reflektioner över de mängdteoretiska konstruktionernas roll i samtida matematikundervisning och vetenskap.

Eftersom det är ett rätt stort antal olika teorem och definitioner i texten har jag för ögats bekvämlighet valt att inte kursivera allting, men kursiverar och på så sätt lyfter ut de definitioner och resultat som jag uppfattar som centrala och kanske bra för läsaren att ha med sig i sina eventuella fortsatta matematiska eller vetenskapliga studier.

Den detaljerade matematiska framställningen utgår från två tämligen klassiska matematiktexter, Edmund Landaus *Grundlagen der Analysis* från 1929 samt Robert Stolls *Set Theory and Logic* från 1961. Vi refererar till ett teorem eller definition ur Stolls bok genom numreringen "kapitel.avsnitt.satsnummer", så att till exempel sats 4 i avsnitt 9 av kapitel 8 hänvisas till som "teorem 8.9.4".

1 Kärninnehåll

1.1 Inledning: de mängdteoretiska konstruktionernas roll i samtida matematikundervisning och vetenskap

Innan vi går vidare till de matematiska detaljerna är det på sin plats med att någorlunda omsorgsfullt bena ut några relevanta frågor, begrepp och resultat.

Som ett litet moment i något senare universitetskurser i matematisk analys, och framförallt kurser/läroböcker i högre eller avancerad analys (det som på engelska betecknas *analysis* i kontrast till inledande *calculus*), introduceras och framställs i regel åtminstone någon symbolisk–mängdteoretisk "konstruktionsmetod" för de reella talen (såsom Dedekinds snittmetod).

Detta är, som sagt, ett litet och tämligen isolerat moment av de högre kurserna. Man gör inte särskilt mycket med dessa konstruktioner för övrigt i studierna och tillämpningar av matematik i ekonomi, teknologi eller natur– och humanvetenskap. Man behöver så gott som aldrig ha dessa konstruktioner i bakhuvudet, när man löser problem och följer bevis. Detta gäller den absoluta lejonparten av studier och forskning där matematiska kunskaper aktualiseras.

Så, naturligtvis är den fråga studenter eller lärare rimligtvis kan börja ställa sig *vilken egentlig roll* dessa mängdteoretiska konstruktioner av de annars så bekanta 'reella talen' spelar i studier eller tillämpningar av matematik? Möjliga svar på den frågan är inte alls uppenbara. Skulle jag säga.

Till att börja med är (I) en roll som de faktiskt spelar såsom *tekniska bevismetoder* i abstrakt algebra och matematisk logik. I avancerad analys har de rollen att tillhandahålla *ett formellt–algebraiskt bevis för 'existensen' av algebraiska strukturer av en viss typ.* I detta fall strukturer av typen **fullständigt (linjärt) ordnad kropp**, vilket vi här förkortar **FLOK**. De definierande villkoren för denna typ av algebraiska struktur är nämligen den väsentliga kärnan i den typiska och moderna algebraisk–axiomatiska beskrivningen av de reella talen: det är den lista av 'axiom för $\mathbb{R}$' man brukar finna någonstans i grundläggande läroböcker i reell analys för en eller flera variabler.

Det i litteraturen vanligaste, tror jag, är att för existensbeviset utnyttja antingen **Dedekinds snittmetod** eller **Cantors cauchyföljdsmetod**. Det finns andra metoder också, exempelvis **Bachmanns intervallinkapslingsmetod**[1], men såvitt jag vet är de två förstnämnda metoderna de mest frekventa. I denna artikel går vi översiktligt igenom Dedekinds respektive Cantors approach.

Strukturen fullständigt ordnad kropp kan sedan visas vara *unik upp till isomorfi*, den så kallade **kategoricitetssatsen** för FLOK och ett **karakteriseringsresultat** för $\mathbb{R}$. Beviset för det teoremet behöver dock inte utnyttja någon specifik konstruktionsmetod för $\mathbb{R}$, det befinner sig på en annan nivå. I slutet av artikeln finns en skiss av beviset för detta resultat.

Nå, vad innebär 'existens' när det handlar om matematiska objekt eller strukturer? Inte heller denna fråga har ett svar uppenbart även för den i matematikvetenskapen "oinitierade". Med en jämförelse: Inte ens en fråga som den om *enhörningar* 'existerar' har något självklart vetenskapligt eller filosofiskt svar, såvida man inte först gör det klart vad man är beredd att acceptera som kriterium på dess existens eller icke–existens. Man kan ju till exempel säga att "Enhörningar finns på det sätt sagodjur finns" och att de "förekommer rikligt" i mytologi eller populärkonst. Eller låt oss säga att man under en forskningsex-

[1]För en genomgång av intervallinkapsling finns resurser på nätet, se också Jan Thompson *Historiens matematik.*

pedition skulle finna lämningar av en hästliknande djurart med ett långt horn i pannan. Skulle vi därför omedelbart vara beredda att säga att enhörningar "faktiskt existerar"?

'Existens' när det gäller *algebraiska–axiomatiska strukturdefinitioner* — av grupper, ringar, kroppar, topologiska rum, etc. etc. — tolkas normalt i modern matematikvetenskap som att det givna axiomsystemet har en **mängdteoretisk modell**. Detta är en annan och mer tekniskt specialiserad betydelse av ordet "modell" jämfört med den innebörd orden *matematisk modell* har i naturvetenskapliga och tekniska tillämpningar av matematik, inom biologi, kemi, fysik, etc, i vilka modeller är mer eller mindre trovärdiga matematiska representationer av någon aspekt av den yttre verkligheten.

Den från början mer obestämda och öppna frågan om 'de reella talens existens' *översättes matematiskt* då till frågan huruvida det algebraiska axiomsystemet FLOK är modellerbart i denna logisk–mängdteoretiska bemärkelse. Den grundläggande poängen med att överhuvudtaget försöka konstruera en modell av ett formellt axiomsystem är för att övertyga oss om, eller som man brukar säga "garantera", att det och det sättet att tänka/operera i matematiken (till exempel att låta alla uppåt begränsade mängder av decimaltal ha en minsta övre gräns) resulterar i ett *i någon mening vettigt matematiskt system.*

De symboliska konstruktionerna görs ovanpå de rationella talen $\mathbb{Q}$ och deras elementära aritmetik. Så, så länge man bedömer att elementär rationell aritmetik är "vettig", så följer att axiomsystemet för $\mathbb{R}$ också är det. Därtill behöver sägas: förstås under antagandet att *den logik man följer i de matematiska resonemangen* också är "sund" eller "vettig". I konstruktionernas fall är denna logik de tämligen allmänna metoder och sätt att resonera som hör till mängdlära, formell logik och abstrakt algebra.

Men vad betyder ett "vettigt" system? Vad betyder en "sund" eller "vettig" logik? Är det så självklart? — Man skulle ju till exempel kunna vilja säga att det och det stycket matematik "redan för länge sedan" har bevisat sin vettighet genom sin uppenbara *användbarhet*, i exempelvis naturvetenskapliga tillämpningar eller i själva beräkningarnas smidighet. Någonting sådant gäller historien om analysen och dess symboler för reella konstanter och variabler, då ju analysen som sådan hade otaliga praktiska tillämpningar (i framförallt naturvetenskap) redan under sjutton– och artonhundratal.

I abstrakt algebra, mängdlära och matematisk logik tolkas dock denna ”vettighet” på ett annat sätt, som på ett sätt visar att ett system, en struktur definition har *potentiella* tillämpningar och som på ett annat sätt är *oberoende* av yttre/utommatematiska tillämpningar (eftersom faktiska tillämpningar av strukturen än så länge kan vara frånvarande). Det tolkas som något man kallar systemets **logiska konsistens**, dess – **motsägelsefrihet**. Att det i varje del, detalj och söm behöver vara sammanhängande på ett sådant sätt att man aldrig når fram till ett bevis för både ett påstående A såväl som dess negation, *Inte A*. Med satslogikens notation, att man genom för mängdläran och formell–algebraisk logik sedvanliga härledningsregler i systemet inte kan nå fram till en proposition på formen $A \wedge \neg A$.

Att ett formellt–algebraiskt axiomsystem har en mängdteoretisk modell ovanpå någon del av matematiken som för sig uppfattas som logiskt oproblematisk, tas alltså som ett bevis för att systemet åtminstone är logiskt konsistent. Att det är ”vettigt”.[2]

En matematisk betydelse som de mängdteoretiska konstruktionerna alltjämt har är alltså (I) som *bevismetoder* i till exempel högre analys och abstrakt algebra. En annan roll de faktiskt har är (II) *den idé– och vetenskapshistoriska*. Varken (I) eller (II) är roller som någonsin kan berövas vare sig mängdläran eller dess ”konstruktioner” av våra

[2]Naturligtvis har jag inte sikte på att förneka att logisk konsistens är eller kan vara ett motiverat mål. Inte minst därför att vi även i exempelvis fysikaliska tillämpningar vill utnyttja matematiken som verktyg. Och en hammare som så att säga slår i spiken åt två helt olika håll blir obrukbar eller farlig för alla i verksamheten inblandade. Å andra sidan kunde man ju hävda att om hammaren *i regel*, i den absoluta lejonparten av fall, slår i spiken fullt otvetydigt och tillfredsställande, bortsett från att vid ett fåtal tydligt isolerade punkter inte göra det, så vore det vettiga att helt enkelt inte använda den hammaren vid dessa punkter snarare än att förkasta hammaren i sig som fullständigt obrukbar.

vanliga taltyper.

I processen av den moderna matematikvetenskapens, logikens, filosofins och fysikens utveckling under slutet av 1800–talet och början av 1900–tal utgör mängdläran något som bidragit till att tänka om sättet att se på 'de reella talen' och på innebörden av stringens i modern matematik. Detta tillsammans med frigörelsen från bundenheten vid euklidisk geometri och *Elementa* och skiftet till ett mer algebraiskt–axiomatiskt sätt att tänka överhuvudtaget. Allt detta utgör led i eller upptakten till 1900–talets moderna fysik (relativitetsteori och kvantmekanik), genom frigörelsen från fixeringen vid den newtonska fysiken, och därmed också för 1900–talets högteknologi.

Kanske kan man när det gäller just frågan om de reella talen hävda att analysens aritmetisering och de mängdteoretiska konstruktionerna bidrog till att framkalla ett *aspektskifte* i matematiken (återigen frambesvärjande Wittgenstein), ett skifte i hur vi tenderade att se och tänka kring (den tidens motsvarigheter till) reella talsymboler, funktioner, gränsvärden, med mera. Att man mer kom att greppa det reella talet som snarare en symbolisk container med information om lokalisation relativt de rationella talen genom symbolens approximationsvillkor, en container som för övrigt lika gärna kan vara tom. Att för matematikens räkning räcker det så att säga med att veta själva platsen och formen på containern, men att vad den för övrigt skulle innehålla inte är en fråga för matematiken (utan i så fall för "metafysiken").

Jag är alltså benägen att tänka att de klassiska mängdteoretiska konstruktionerna är intressanta, åtminstone ur synvinkeln (I) respektive (II). Men vad jag skulle ställa mig mer tveksam till är (III) mängdläran eller dessa mängdteoretiska konstruktioner såsom ett slags 'väsensdefinitioner' av vad ett tal egentligen eller verkligen är, i någon föreställd ontologisk–filosofisk mening. Att deras roll eller vikt är en annan, den är matematisk respektive idéhistorisk, men inte *nödvändigtvis* den fundamentalt filosofiska. — Nåväl, det är ett filosofiskt samtal, inte strikt matematiskt.

I denna artikel ligger fokus helt på rollen (I), konstruktionerna som led i ett matematiskt bevis för existensen/den logiska modellerbarheten av en algebraisk struktur kallad fullständigt ordnad kropp.

I den terminologi som blivit etablerad inom matematik– och logikvetenskapen skall vi längs med två skilda stigar konstruera en **kroppsutvidgning** av kroppen av rationella tal $\mathbb{Q}$ till en fullständigt ordnad kropp, som vi i bägge metoder kommer beteckna med kalligrafiskt $\mathcal{R}$ istället för $\mathbb{R}$, för att således betona att vi skapar konkreta algebror, två olika specifika modeller av samma algebraiska struktur FLOK.

1.2 Den fullständigt ordnade kroppen (FLOK) som typisk axiomlista för $\mathbb{R}$

1.2.1 Påminnelser och definitioner

I detta avsnitt påminner vi kort om några standarddefinitioner ur abstrakt algebra, relevanta för temat för denna framställning, nämligen de reella talen. Det finns gott om lätt tillgänglig information om dessa saker på internet, se också artikeln ”Från elementär till abstrakt algebra: algebraiska strukturer och härledningar” (DFM III(b)) för en introduktion.

De reella talen $\mathbb{R}$ säges utgöra ett exempel på algebraiska strukturer av typen **kropp** (eng. *field*), därför att följande egenskaper (**kroppaxiomen**) är uppfyllda enligt den allmänna logisk–algebraiska definitionen av den sortens struktur:

K1 *Addition och multiplikation är* ***kommutativa*** *operationer*:

(a) $a + b = b + a$

(b) $ab = ba$

K2 *Addition och multiplikation är* ***associativa*** *operationer*:

(a) $a + (b + c) = (a + b) + c$

(b) $a(bc) = (ab)c$

K3 *Multiplikation är **distributiv** över addition:*

(a) $a(b + c) = ab + ac$

(b) $(b + c)a = ba + ca$

K4 *Konstanterna noll och ett är **neutrala element** för addition respektive multiplikation:*

(a) $0 + a = a + 0 = a$

(b) $1 \cdot a = a \cdot 1 = a$

K5 *Existens av **additiv invers** respektive **multiplikativ invers**:*

(a) *För varje givet a finns ett $(-a)$ sådant att $a + (-a) = (-a) + a = 0$.*

(b) *För varje givet $a \neq 0$ finns ett a^{-1} sådant att $a \cdot a^{-1} = a^{-1} \cdot a = 1$.*

Axiom K3(b) är egentligen överflödigt, *redundant*, därför att det uppenbarligen är en direkt logisk följd av axiom K1(b) och K3(a). Anledningen till att jag ändå tar med K3(b) är att det behövs i definitionen av begreppet ring, därför att K1(b) inte hör till de allmänna ringaxiomen. De övriga axiomen är dock logiskt oberoende av varandra, *om* man förstår dem som definierande villkor för en algebraisk struktur med en eller två binära operationer.

Så till ordningsegenskaperna. De reella talen $\mathbb{R}$ liksom de rationella talen $\mathbb{Q}$ under vanlig addition och multiplikation säges dessutom vara exempel på strukturer av typen **ordnad kropp**, därför att förutom att vara kroppar, uppfyller de följande egenskaper (**ordningsaxiomen**):

O1 *Storleksrelationen $<$ är en **linjär ordningsrelation**:*[3]

[3]Linjäriteten kan alternativt definieras i termer av icke–strikt ordning $\leq$, men det spelar ingen större roll eftersom $<$ och $\leq$ enkelt kan definieras ur varandra. Om man behöver göra åtskillnad mellan de två olika definitionerna av 'linjär ordning' kan man säga *strikt* respektive *inklusiv* eller *icke–strikt* linjär ordning.

(a) ***Transitivitet**: Om ett tal är mindre än ett annat och detta i sin tur är mindre än ett tredje, så är det första talet mindre än det tredje. Med matematisk notation:*

$$a < b \land b < c \implies a < c$$

(b) ***Trikotomilagen**: För två tal gäller uteslutande att det ena är strikt mindre än det andra eller så är de lika med varandra. Med andra ord, en men också endast en av följande möjliga relationer är giltig för varje par av tal a och b:*

$$a < b \qquad a = b \qquad b < a$$

O2 ***Additionslagen för olikheter** (addition är monoton): Om man till bägge leden av en olikhet lägger ett och samma tal, så bevaras olikheten intakt. Med matematisk notation:*

$$a < b \implies a + c < b + c$$

O3 ***Multiplikationslagen för olikheter** (multiplikation är monoton): Om man multiplicerar bägge leden av en olikhet med ett och samma positiva tal, så bevaras olikheten intakt. Med matematisk notation: För alla $c > 0$ gäller att*

$$a < b \implies ac < bc$$

Att $a > 0$ motsvarar att a är ett **positivt** tal, att vi säger $a < 0$ motsvarar att a är ett **negativt** tal. Vad gäller O3 kan det vara värt att jämföra med tallinjen och fundera över de olika fall som kan uppstå, varvid man ser att O3 geometriskt–intuitivt stämmer överens med förlängning/förkortning med samma faktor c. Om till exempel $a < 0 < b$ och $c > 0$, så är $ca < 0$ och $0 < cb$ och alltså $ca < cb$.

Det reella talområdet säges dessutom besitta ytterligare en speciell ordningsegenskap, som gör att den skiljer sig från de rationella talen: nämligen det som kallas för **fullständighetsegenskapen** (eng. *completeness property*). Att man här talar i bestämd form singular kan vara en smula förvirrande, därför att det är en egenskap som kan formuleras på en rad olika sätt; emellertid är alla dessa artikulationer matematiskt ekvivalenta: det ena implicerar det andra, och vice versa, och ibland ganska så uppenbart så. Ett val av sätt att formulera fullständighetsegenskapen kallas ofta för ett **fullständighetsaxiom**. Det är denna de reella talens fullständighetsegenskap som *tillåter oss att säga*, till exempel, att varje positivt tal har en kvadratrot, eller att gränsvärdet för olika talföljder och funktioner existerar. Den har karaktären av en sorts matematisk 'existensgaranti'.

De i matematiklitteraturen vanligaste två sätten att formulera fullständighetsegenskapen kallas *supremumaxiomet (axiomet om minsta övre gräns)* respektive *monotonitetsaxiomet (axiomet om växande och begränsade talföljder)*. Till att börja med:

O5$_1$ ***Supremumaxiomet:*** *Varje uppåt begränsad mängd av reella tal har en minsta övre gräns (supremum) bland de reella talen.*

Den minsta övre gränsen eller supremum för en uppåt begränsad mängd $\mathcal{M}$ av reella tal betecknas $\sup(\mathcal{M})$.

Därnäst, och matematiskt ekvivalent:

O5$_2$ ***Monotonitetsaxiomet:*** *Varje växande och begränsad följd av reella tal — såsom en decimalutveckling — har ett gränsvärde bland de reella talen.*

Så, de reella talen $\mathbb{R}$ säges slutligen utgöra en struktur av typen **fullständigt (linjärt) ordnad kropp**, därför att förutom att vara en ordnad kropp är dessutom fullständighetsegenskapen O5 uppfylld. Vilket specifik formulering man väljer som fullständighetsaxiom för den abstrakta algebraiska definitionen är faktiskt valfritt (det vanligaste tror jag dock är att välja den första formuleringen, supremumaxiomet).

Genom abstraktion får vi följande allmänna formella, logisk–algebraiska definition:

Definition I. (a) *En* ***kropp*** *är en mängd* K*, tillsammans med två binära operationer* $+$ *och* $\cdot$ *samt två konstanter* 0 *och* 1*, sådan att samtliga villkoren (kroppaxiomen) K1–K5 är uppfyllda. Vi låter det vara underförstått att varje kropp har minst två element, varur följer att* $0 \neq 1$*.*

(b) *En* ***ordnad kropp*** *är en kropp med en binär relation* $<$ *som satisfierar villkoren O1–O3 (ordningsaxiomen).*

(c) *En* ***fullständigt (linjärt) ordnad kropp (FLOK)*** *är en ordnad kropp som dessutom besitter fullständighetsegenskapen.* □

Ett annat sätt att säga exakt samma sak som i definition (a) och (b) ovan är att en ordnad kropp är en *algebraisk struktur*

$$\langle K, +, \cdot, 0, 1, < \rangle$$

som uppfyller samtliga axiomen i listan K1–K5 och O1–O3.

Det kan också vara på sin plats med den allmänna definitionen av supremum och infimum:

Definition II. *Låt* $\mathcal{S}$ *vara en mängd ordnad under någon linjär ordningsrelation* $\leq$*, och låt* $\mathcal{M} \subseteq \mathcal{S}$*. Mängden* $\mathcal{M}$ *säges vara* ***uppåt begränsad (i*** $\mathcal{S}$***)*** *i det fall det existerar något* $x_0 \in \mathcal{S}$ *sådant att*

$$\forall x \in \mathcal{M}\ (x \leq x_0) \tag{a}$$

Elementet x_0 *kallas för en* ***övre gräns*** *eller* ***majorant*** *till* $\mathcal{M}$*. Vidare,* x_0 *utgör* ***den minsta övre gränsen, minsta majorant*** *eller* ***supremum***[4] *till* $\mathcal{M}$*, betecknad* $\sup(\mathcal{M})$*, om* x_0 *dessutom besitter egenskapen att*

$$\forall x \in \mathcal{S}\ [x < x_0 \implies \exists y \in \mathcal{M}\ (x \leq y)] \tag{b}$$

På analogt sätt definieras att mängden $\mathcal{M}$ *är* ***nedåt begränsad*** *av ett* $x_0 \in \mathcal{S}$*, och man säger att* x_0 *är en* ***nedre gräns*** *eller* ***minorant***

[4] Kärt barn har många namn.

till $\mathcal{M}$:

$$\forall x \in \mathcal{M}\ (x_0 \leq x) \tag{c}$$

*Vidare, x_0 utgör **den största nedre gränsen, största minorant** eller **infimum** till $\mathcal{M}$, betecknad* $\inf(\mathcal{M})$*, om x_0 dessutom besitter egenskapen att*

$$\forall x \in \mathcal{S}\ [x_0 < x \implies \exists y \in \mathcal{M}\ (y \leq x)] \tag{d}$$

□

Vidare uppfyller de naturliga heltalen $\mathbb{N} \subset \mathbb{Z}$ den matematiska induktionsprincipen och är välordnade; dessa två egenskaper är i själva verket matematiskt ekvivalenta:[5]

N1 ***Den matematiska induktionsprincipen:*** *Låt $P(n)$ vara ett heltalspredikat. Om då*

(i) *$P(0)$ är sant, och*

(ii) *$P(k) \implies P(k+1)$, för alla $k \in \mathbb{N}$,*

så är $P(n)$ sant för alla $n \in \mathbb{N}$.

N2 ***Välordningsprincipen:*** *Varje mängd av naturliga tal har ett minsta element. (Kan också formuleras: Varje nedåt begränsad mängd av heltal har ett minsta element.)*

Den vanliga ordningsrelationen $<$ på $\mathbb{R}$ kan inte på något naturligt sätt utvidgas till en motsvarande *linjär* ordning på de komplexa talen $\mathbb{C}$. Däremot kan man definiera olika *partiella* ordningar på $\mathbb{C}$, till exempel

$$z_1 \prec z_2 \iff_{\mathsf{def}} |z_1| < |z_2|$$

Relationen $\prec$ så definierad är transitiv, däremot är inte trikotomilagen satisfierad, eftersom två komplexa tal som har samma längd inte behöver vara identiska.

Vidare säges det reella talområdet vara en struktur av typen **arkimediskt ordnad kropp**, därför att följande villkor är uppfyllt:

[5]För bevis finns lätt tillgänglig information på nätet.

O4 ***Den arkimediska egenskapen:*** *För alla tal a och b, om $a > 0$ så finns ett positivt heltal n sådant att $na > b$.*

Den arkimediska egenskapen hos en ordnad kropp medför bland annat att det inte finns några 'oändligt små element', *infinitesimaler*, respektive 'oändligt stora element', *infiniter* i områdena. I logikern–matematikern Abraham Robinsons *icke–standardanalys* rör man sig faktiskt med en utvidgning av $\mathbb{R}$ till en *icke–arkimediskt* ordnad kropp, så benämnd *de hyperreella talen* $\mathbb{R}^*$ i vilken man formellt opererar med symboler för 'infinitesimaler' och 'infiniter'.

För en fullständig ordnad kropp är faktiskt den arkimediska egenskapen O4 en logisk konsekvens[6], men det omvända gäller inte: det rationella talsystemet är arkimediskt ordnat, men besitter inte fullständighetsegenskapen, eftersom man till exempel inte kan hitta $\sqrt{2}$ i $\mathbb{Q}$.

1.2.2 Uppgiften: Visa konsistens och kategoricitet för den fullständigt ordnade kroppen

Med andra ord, den typiska "läroboksaxiomatiseringen" och axiomlistan för $\mathbb{R}$, kan med införd terminologi koncist formuleras såhär:

[A] *De reella talen utgör (i) en ordnad kropp under vanlig addition och multiplikation, som (ii) dessutom är fullständigt linjärt ordnad under den vanliga ordningsrelationen.*

Så som redogjordes för i textens inledande avsnitt kan den uppgift vi till att börja med står inför att ge matematiska bevis för följande påstående:

[B] *Det finns minst en mängdteoretisk modell av strukturen fullständigt ordnad kropp.*

De två exempel på konkreta modeller vi lägger ut är Dedekinds respektive Cantors mängdkonstruktioner ovanpå de rationella talen.

[6]För bevis, se t.ex. Robert Stoll *Set Theory and Logic*.

Därnäst kan man, såsom också tidigare konstaterat, visa följande, **kategoricitetssatsen för fullständigt ordnade kroppar (de reella talen)**:

[C] *Alla fullständigt ordnade kroppar är isomorfa.*

Slutsatsen man drar är: *De reella talen är unika upp till isomorfi under synvinkeln av en fullständigt ordnad kropp.* Ett annat sätt att formulera samma sak är att säga att de definierande axiomen för en fullständigt ordnad kropp är *kategoriska*, emedan alla konkreta modeller är isomorfa.

1.2.3 Något om begreppet isomorfi

Begreppet isomorfi eller isomorfism är ett av den abstrakta algebrans och den matematiska logikens enskilt viktigaste begrepp. Den intuitiva idéen borde vara lätt att få grepp om. Det betyder ungefär att alla för strukturen/axiomlistan relevanta egenskaper bevaras, bara med ett eventuellt namnbyte på olika saker, en *omdöpning* (eng. *relabeling*) av objekten.

Något mer tekniskt precist: Låt S_1 och S_2 vara två algebraiska strukturer (eller två formella axiomatiska teorier). Att dessa två är isomorfa definieras då som att det finns en funktion $\phi : S_1 \to S_2$ (det är vanligt i algebran att beteckna funktioner från en struktur till en annan med grekiska bokstäver) som (a) är en *bijektion* och (b) *bevarar alla operationer och relationer intakta.* Funktionen ϕ kallas för en **isomorfi** eller **isomorfism**.

En påminnelse:

Definition III. *Låt $\mathcal{A}$ och $\mathcal{B}$ vara mängder och f någon funktion från $\mathcal{A}$ till $\mathcal{B}$. Vi säger då att:*

(a) *f är **injektiv**/en **injektion** om det finns* högst ett *$x \in \mathcal{A}$ svarande mot varje givet $y \in \mathcal{B}$:*

$$\forall x_1, x_2 \in \mathcal{A}\ (f(x_1) = f(x_2) \implies x_1 = x_2)$$

(b) *f är **surjektiv**/en **surjektion** om det finns* minst ett $x \in \mathcal{A}$ *svarande mot varje givet $y \in \mathcal{B}$:*

$$\forall y \in \mathcal{B}\ \exists x \in \mathcal{A} : f(x) = y$$

(b) *f är **bijektiv**/en **bijektion** om det finns* ett och endast en (precis ett) *$x \in \mathcal{A}$ svarande mot varje givet $y \in \mathcal{B}$, det vill säga om f är både injektiv och surjektiv.*

□

För att göra saken ännu något tydligare, låt oss titta på ett konkret exempel och göra en formell definition av isomorfi för ordnade kroppar. Vi skiljer mellan operationer och relationer i den ena strukturen från dem i den andra genom ett index, till exempel "$+_1$" respektive "$+_2$".

Definition IV. *Låt K_1 och K_2 vara ordnade kroppar. Vi säger att K_1 och K_2 är **isomorfa** om det existerar en funktion $\phi : K_1 \to K_2$ sådan att, för alla $a, b \in K_1$:*

(a) *ϕ är en bijektion (injektiv och surjektiv).*

(b) $\phi(a +_1 b) = \phi(a) +_2 \phi(b)$

(c) $\phi(a \cdot_1 b) = \phi(a) \cdot_2 \phi(b)$

(d) $a <_1 b \iff \phi(a) <_2 \phi(b)$

*Funktionen ϕ kallas för en **isomorfi** eller **isomorfism**, och vi skriver*

$$K_1 \cong K_2$$

□

Från definitionen följer att

(e) $\phi(0_1) = 0_2$

(f) $\phi(1_1) = 1_2$

så dessa behöver vi inte baka in i definitionen (en bra övning i logik och abstrakt algebra).

På med definition IV helt analoga sätt definierar man så 'isomorfi' för strukturer såsom grupper, ringar, vektorrum, och så vidare.

1.3 Dedekinds snittmetod för symbolisk konstruktion och existensbevis

1.3.1 Övergripande planritning

Löst talat är ett dedekindsnitt i de rationella talen en partition av de rationella talen i två icke–tomma klasser (A, B), där varje element i A är strikt mindre än varje element i B. Här kallas A för *den undre, nedre* - och B *den övre klassen* i snittet. Principen är nu att identifiera sådana snitt med de reella talen, så att vi kan tänka på ett 'reellt tal' som ett sådant dedekindskt snitt och vice versa.

I uppsatsen *Om kontinuitet och irrationella tal* (avsnitt IV) skriver Dedekind själv såhär om saken:

> I avsnitt I påpekades att varje rationellt tal a möjliggör en uppdelning av systemet R [Dedekinds notation för mängden av rationella tal $\mathbb{Q}$] i två distinkta klasser, sådana att varje tal a_1 ur den första klassen A_1 är strikt mindre än varje tal a_2 ur den andra klassen A_2; talet a självt är antingen det största talet ur klassen A_1 eller det minsta talet ur klassen A_2. Låt oss nu för terminologisk enkelhet kalla varje möjlig uppdelning av systemet R i två klasser A_1, A_2, som besitter egenskapen att varje tal a_1 i A_1 är mindre än varje tal a_2 i A_2, för ett *snitt* [ty. *Schnitt*], som vi betecknar (A_1, A_2). Vi kan då säga att varje rationellt tal åstadkommer ett snitt, eller noga räknat två snitt, vilka vi dock inte kommer att betrakta som två väsentligen skilda snitt; detta snitt besitter dessutom egenskapen, att antingen har den första klassen ett största tal eller så har den andra klassen ett minsta tal. Och omvänt, om ett snitt besitter denna egenskap [att ha ett största/minsta element], så är det själva det snitt som redan åstadkommes av det här största eller minsta rationella talet.[7]

[7]Författarens svenska översättning.

Dedekind fortsätter i samma avsnitt:

> Men det är lätt att bevisa att det finns oändligt många snitt i de rationella talen som inte utverkas av rationella tal. Följande exempel är naturligtvis påfallande.
>
> [...; Här ger Dedekind exemplet med varje snitt som åstadkommes av en kvadratrot på formen $\sqrt{D}$, där D är ett positivt heltal som inte utgör kvadraten på något annat heltal; varje sådan rot är bevisligen irrationell, se teorem 29 längre fram.]
>
> I den här egenskapen, att inte alla snitt kan erhållas genom ett specifikt rationellt tal, ligger ofullständigheten eller diskontinuiteten hos systemet R av alla rationella tal. Närhelst vi därför har att göra med ett snitt (A_1, A_2) som inte utverkas av något rationellt tal, så *skapar vi* [min kurs.] ett nytt tal, ett *irrationellt* tal α, som vi betraktar som fullkomligt definierat av just snittet (A_1, A_2); och *vi kommer att säga* [min kurs.] att talet α korresponderar mot detta snitt, eller, att det åstadkommer [alt. producerar, framkallar, utverkar] detta snitt. *Hädanefter korresponderar således varje snitt mot ett entydigt bestämt rationellt eller irrationellt tal, och vi räknar två tal som* skilda *eller* olika *tal om och endast om de korresponderar mot väsentligen skilda snitt.* [min kurs.]

Det rationella snitt man för ett bestämt $q \in \mathbb{Q}$ får genom att sätta $A_1 = \{x \in \mathbb{Q} : x \leq q\}$, i vilket fall A_2 saknar minsta element, räknas hos Dedekind som *väsentligen samma* snitt som det man får genom att sätta $A_1 = \{x \in \mathbb{Q} : x < q\}$, i vilket fall A_2 då får q som sitt minsta element.

Val av rutt. Det finns lite olika sätt att framlägga konstruktionen, men de bygger alla på samma grundritning och har likartade detaljer. Vad gäller introduktionen av snitt följer vi här den väg som läggs av Edmund Landau i dennes välkända framställning (från år 1929) *Analysens grundvalar*[8], kapitel III, med den svaga modifikation av själva definitionen som görs i Anders Vretblads lärobok *Algebra och kombinatorik*, appendix 3. Landau går från $\mathbb{Q}^+$ till $\mathbb{R}^+$, och först därefter

[8] *Grundlagen der Analysis*, i engelsk översättning under titeln *Foundations of Analysis — The Arithmetic of Whole, Rational, Irrational och Complex Numbers.*

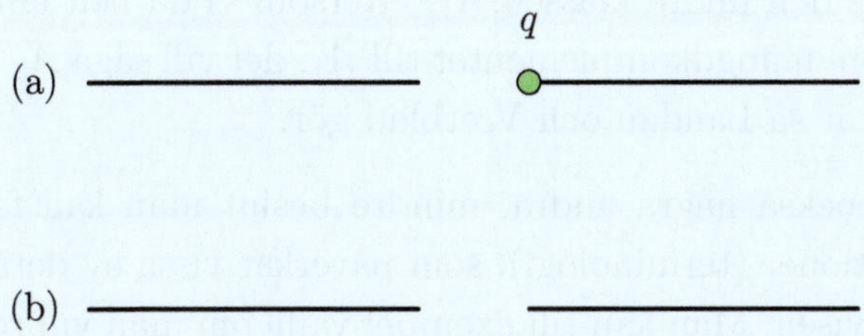

Figur 1: Om man "klipper", gör ett "snitt" i, de rationella talen $\mathbb{Q}$ i två distinkta intervall, som tillsammans täcker alla rationella tal, så kan två och endast två situationer uppstå: (a) det ena, men inte det andra, intervallet innehåller ett minsta/största element q, och är med andra ord ett *halvöppet* intervall; eller (b) inget intervall har ett minsta/största element, de är båda två *öppna* intervall. I fall (a) kan man tänka att snittet representerar ett rationellt tal, i fall (b) att snittet representerar ett *irrationellt tal*, såsom $\sqrt{2}$.

till $\mathbb{R}$ genom införande av objektet 0 och negativa tal.[9] De fullständiga detaljerna finns i Landaus bok. Bevisen är inte direkt svåra, men de blir en smula utrymmeskrävande. Av den anledningen, och för att inte "uppfinna hjulet på nytt", hänvisar jag ibland läsaren till Landaus bok.

Den väsentligen alternativa rutten består i att definiera begreppet snitt i $\mathbb{Q}$, där de negativa rationella talen inkluderas direkt. Nackdelen med detta är att vissa definitioner blir krångligare, speciellt definitionen av operationen multiplikation. En ytterligare sak är att nollan och negativa tal är relativt enkla att introducera algebraiskt på varje nivå av en given positiv talmängd: $\mathbb{Z}^+$, $\mathbb{Q}^+$ eller $\mathbb{R}^+$. Man behöver alltså inte bekymra sig för de negativa talen alltför tidigt i den teoretiska analysen av talsystemen.

Det är dock ganska smidigt att i definitionen identifiera snittet (A_1, A_2)

[9]Landau konstruerar taltyperna i följande ordning: $\mathbb{Z}^+$, $\mathbb{Q}^+$, $\mathbb{R}^+$, $\mathbb{R}$, $\mathbb{C}$. Fram till införandet av objektet 0 och de negativa talen, i anslutning till konstruktionen av $\mathbb{R}$, kallar han positiva heltal och rationella tal helt enkelt för "naturliga tal" respektive "rationella tal"; först därefter inför han terminologin "positivt heltal" respektive "positivt rationellt tal".

med förslagsvis den undre klassen A_1, eftersom vi då helt enkelt kan definiera A_2 som mängdkomplementet till A_1, det vill säga $A_2 = A_1^c = \mathbb{Q}^+ - A_1$. Det är så Landau och Vretblad gör.

Det finns här också några andra, mindre beslut man kan fatta vid valet av definitioner (terminologi), som påverkar vissa av detaljerna i de tekniska bevisen. Man kan till exempel välja om man vill reservera termen 'snitt' för partitioner där den undre klassen A är öppen eller sluten eller om man vill tillåta båda möjligheter. I Landaus framställning är, per definition, den undre klassen i ett snitt alltid ett *öppet* uppåt begränsat intervall i $\mathbb{Q}^+$, det vill säga, intervallet får inte innehålla något största tal.Ett alternativ hade då varit att i definitionen istället sätta villkoret att *komplementet* A^c ska vara ett öppet intervall (det innehåller inget minsta element, men är uppåt obegränsat), i vilket fall den undre klassen A kan vara sluten; nämligen då snittet bestämmer/bestämmes av ett rationellt tal.

I allt väsentligt är dock alla konstruktioner som dedekindsnitt lika många exempel på samma sak. Vi är inte ute efter att finna "den rätta konstruktionen" i någon filosofisk mening, utan efter att ge en *tekniskt smidig framställning*, och bevis för 'existensen', det vill säga modellerbarheten, av den algebraiska strukturen en fullständigt ordnad kropp. Det är det som avgör ändamålsenligheten i hela förfarandet.

Här följer vi alltså Landaus (och Vretblads) framställning. Vi kommer att lista samtliga relevanta teorem om snitt, men som sagt delvis skippa de mest detaljerade bevisen, och lämna dessa som en övning eller fördjupning för den intresserade läsaren.

1.3.2 Snitt av positiva rationella tal, mängden $\mathcal{D}(\mathbb{Q}^+)$

1. Definition. *Ett* ***(dedekind)snitt*** *i de positiva rationella talen är en delmängd A av $\mathbb{Q}^+$, uppfyllande följande villkor, för alla $x, y \in \mathbb{Q}^+$:*

(a) *Mängden A är inte tom, men omfattar heller inte alla positiva rationella tal*:

$$\emptyset \subset A \subset \mathbb{Q}^+$$

(b) *Mängden A innehåller inget största element*:

$$x \in A \implies \exists y \in A : x < y$$

(c) *Mängden A är nedåt sluten i de positiva rationella talen*:

$$x < y \ \wedge \ y \in A \implies x \in A$$

□

2. Definition. Låt A^c beteckna komplementet till en mängd A inom grundmängden (universum) $U = \mathbb{Q}^+$. Om A är ett snitt, så kallas A självt för **den nedre, undre klassen** och A^c för **den övre klassen** till snittet. Varje element $x \in A$ kallas ett **undertal, nedre tal** eller – **element** till snittet. Varje $y \in A^c$ kallas för ett **övertal, övre tal** eller – **element** till snittet. □

3. Teorem. För alla snitt A, och $x, y \in \mathbb{Q}^+$:

(d) $A \cap A^c = \emptyset$

(e) $A \cup A^c = \mathbb{Q}^+$

(f) $A^c \neq \emptyset$

(g) *Den övre klassen är uppåt sluten*: $x < y \wedge x \in A^c \implies y \in A^c$

(h) $x \in A \ \wedge \ y \in A^c \implies x < y$

Bevis:

Likheterna (d) och (e) gäller allmänt för alla möjliga grundmängder U.

Påstående (f) är en omedelbar följd av (a).

(g) Antag $x < y$ och $x \in A^c$. Antag $y \in A$. Ur (c) skulle i så fall följa $x \in A$, en motsägelse. Alltså $y \in A^c$.

(h) Visas analogt.

□

Det triviala konstaterandet (d)–(e) medför att vi får säga att mängden $\{A, A^c\}$ är en *partition* av $\mathbb{Q}^+$. Om man därtill lägger (f) har vi en *äkta partition* av $\mathbb{Q}^+$. Påstående (h) kan uttryckas med orden att paret (A, A^c) uppfyller det av Dedekind själv formulerade villkoret att *alla element i den undre klassen är strikt mindre än alla element i den övre klassen.* Det följer också att den undre klassen A är ett ändligt intervall i $\mathbb{Q}^+$.[10]

4. Teorem. Låt $q \in \mathbb{Q}^+$. Mängden

$$A(q) = A(q,1) =_{\mathsf{def}} \{x \in \mathbb{Q}^+ : x < q\}$$

utgör då ett snitt, som vi också betecknar q^* (utläses "q–stjärna").

Bevis:

Villkor §1(a) ur definition 1 är satisfierat, eftersom minst ett rationellt tal ligger inom och minst ett ligger utanför intervallet $0 < x < q$.

§1(b): Om $0 < x < q$, där x är rationellt, så ligger medelvärdet $y = (x+q)/2$ mellan x och q, och alltså är villkor (b) satisfierat.

§1(c): En direkt följd av ordningsrelationens transitivitet i $\mathbb{Q}$ och definitionen av $A(q)$: Om $x < y$ och $y < q$, så är även $x < q$, och alltså är $x \in A(q)$.

□

Några exempel:

$$A(1) = 1^* \qquad 2.5^* \qquad (1/7)^*$$

utgör var för sig snitt, motsvarande de rationella talen 1, 2.5 respektive 1 7–del.

[10] Om man antar mängden $\mathbb{R}$ redan vara given, så kan varje snitt beskrivas som mängden $\{x \in \mathbb{Q} : 0 < x < \alpha\}$, för något reellt tal $\alpha > 0$. Ett *rationellt* intervall.

Den övre klassen till snittet $A(q)$ är förstås

$$A^c(q) = \{y \in \mathbb{Q}^+ : q \leq y\}$$

Den övre klassen har en minimalt element, uppenbarligen det rationella talet q.

I dedekindkonstruktionen *identifieras de positiva rationella talen* med alla snitt av typen q^*. Funktionen $\phi : q \mapsto q^*$ är en *ordningsbevarande isomorfi* från $\mathbb{Q}^+$ till mängden $\{q^* \mid q \in \mathbb{Q}^+\}$, vilket vi redogör mer i detalj för längre fram i texten.

5. Teorem. Mängden $A(n, 2) = \{x \in \mathbb{Q}^+ : x^2 < n\}$ är ett snitt för varje $n \in \mathbb{Z}^+$. Vi betecknar också snittet $A(n, 2)$ som $\sqrt{n^*}$ (utläses "roten ur n–stjärna"). □

Bevis: Landau, teorem 161. □

I konstruktionen identifieras, uppfattas till exempel snittet $A(2, 2)$ som det reella talet $\sqrt{2}$. Låt oss bevisa teoremet för ett specialfall:

Påstående. $A = A(2, 2)$ är ett snitt.

Bevis:

Villkor def. 1(a): Eftersom $1^2 < 2$ och $2^2 > 2$, så är $1 \in A$ men $2 \notin A$, varför $\emptyset \subset A \subset \mathbb{Q}^+$.

§1(b): Antag $x \in A$. Då är $x^2 < 2$, och förstås $x < 2$. Alltså är $r = 2 - x^2 \in \mathbb{Q}^+$. Låt $p \in \mathbb{Q}^+$ vara strikt mindre än både 1 och $r/5$. Sätt $y = x + p$. Då är

$$y^2 = (x + p)^2 = x^2 + 2px + p^2 < x^2 + 4p + p = x^2 + 5p < x^2 + r = 2$$

Alltså är $y \in A$ och $x < y$.

§1(c): För positiva rationella tal gäller förstås att $y < x \implies y^2 < x^2$, så att om $x \in A$ är även $y \in A$.

□

6. Teorem. Generellt, mängden $A(n,k) = \{x \in \mathbb{Q}^+ : x^k < n\}$ är ett snitt, som vi analogt också kan beteckna $\sqrt[k]{n^*}$. □

7. Definition. *Snittet $A(q,1) = q^*$ säges vara ett **rationellt** snitt. Om A är ett snitt och det inte finns något $q \in \mathbb{Q}^+$ sådant att $A = q^*$ säges A vara ett **irrationellt** snitt.* □

Lägg märke till att ett snitt är rationellt i det fall den övre klassen A^c har ett minsta tal, nämligen talet $q \in A(q,1)^c$, medan snittet är irrationellt i det fall A^c saknar minsta element.

Exempel på ett irrationellt snitt är $A(2,2) = \sqrt{2^*}$, eftersom det inte finns något rationellt tal x sådant att $x^2 = 2$. Varje irrationell heltalsrot motsvaras av ett och endast ett irrationellt snitt. Vi visar påståendet i större allmängiltighet längre fram.

8. Definition. Två snitt A_1 och A_2 är **lika med, identiska (såsom snitt)** om och endast om de är identiska såsom mängder. För smidighet i notation skriver vi "$A_1 = A_2$" för både snitt– och mängdidentitet.

Vi säger att snittet A_1 är **strikt mindre än** snittet A_2, och skriver $A_1 < A_2$, i det fall $A_1 \subset A_2$. Den konversa relationen är $A_1 > A_2 \Longleftrightarrow_{\mathsf{def}} A_2 < A_1$.

Icke–strikt olikhet $\leq$ definieras som vanligt:

$$A_1 \leq A_2 \Longleftrightarrow_{\mathsf{def}} A_1 < A_2 \ \vee \ A_1 = A_2$$

□

9. Teorem. För alla snitt A_1 och A_2 gäller:

(a) $A_1 = A_2 \iff$ *Varje undertal till A_1 är ett undertal till A_2, och vice versa.*

(b) *Transitivitet*: $A_1 < A_2 \wedge A_2 < A_3 \implies A_1 < A_3$.

(c) *Antisymmetri*: $A_1 \leq A_2 \wedge A_2 \leq A_1 \implies A_1 = A_2$.

(d) *Totalitet*: En och precis en av relationerna (i) $A_1 < A_2$, (ii) $A_1 = A_2$ eller (iii) $A_1 > A_2$ gäller.

Bevis:

Påståendena (a), (b) och (c) är närmast triviala konsekvenser av def. 8, påst. (b) följer dessutom av (d).

(d) Att högst en av (i)–(iii) gäller är självklart, och en konsekvens av antisymmetrin (c). För att visa att minst en av möjligheterna måste vara satisfierad, antag både (i) och (ii) är falska. Vi behöver då visa att (iii) är giltig. Eftersom (i) är falsk finns ett $p \in A_1$ för vilket $p \notin A_2$. Antag $q \in A_2$. I så fall är $q < p$, därför att om $q > p$ skulle vi ha $p \in A_2$, en motsägelse. Enligt §1(c) är således även $q \in A_1$, det vill säga $A_2 \subset A_1$.

□

10. Teorem. Låt A och B vara snitt. Då gäller:

(a) $\forall x \in \mathbb{Q}^+ \; (x \in A \iff x^* < A)$

(b) $A < B \implies \exists x \in \mathbb{Q}^+ \; (A < x^* < B)$

Ur (a) följer förstås att $x \in A^c \iff x^* \geq A$.

Bevis:

(a) Antag $x \in A$. Enligt §1(b) finns $y \in A$ så att $x < y$. Men $y \notin x^*$ varför $x^* \subset A$. Omvänt, antag $x* < A$. Då finns något $y \in A$ för vilket $x < y$, och ur §1(c) följer $x \in A$.

(b) Antag $A \subset B$. Välj ett övertal y till A som är ett undertal till B. Välj sedan ett undertal $x > y$ i B. För dessa två tal gäller $A \leq y^* < x^* < B$.

□

Ett annat sätt att uttrycka påstående (b) ovan vore med orden att *de rationella snitten är täta* i mängden av snitt med avseende på ordningsrelationen $<$.

11. Definition. Summan av två snitt A_1 och A_2 är mängden av alla summor av undertal ur de respektive snitten:

$$A_1 \oplus A_2 =_{\mathsf{def}} \{x_1 + x_2 : x_1 \in A_1 \wedge x_2 \in A_2\}$$

Produkten av snitten definieras, analogt, som mängden av alla produkter av undertal ur de respektive snitten:

$$A_1 \otimes A_2 =_{\mathsf{def}} \{x_1 x_2 : x_1 \in A_1 \wedge x_2 \in A_2\}$$

□

$A \oplus B$ utläses som vanligt "A plus B", "summan av A och B", etc. $A \otimes B$ utläses som vanligt "A gånger B", "produkten av A och B", etc. Definitioner av operationerna 'addition' respektive 'multiplikation' på snitt är alltså mycket enkla. Liksom i elementär algebra följer vi skrivkonventionen att lämna produkten '$\otimes$' underförstådd närhelst det gör resonemangen mer överskådliga och kompakta, så att vi även kan skriva $A_1 A_2$ för produkten.

12. Teorem. Om A_1 och A_2 är snitt, så är även $A_1 \oplus A_2$ ett snitt.

Bevis:

För att underlätta texten, sätt $B = A_1 \oplus A_2$.

§1(a): Eftersom både A_1 och A_2 innehåller minst ett element vardera, gör även summan det. Vidare, om y_1 och y_2 är övertal till A_1 respektive A_2, så är $x_1 + x_2 < y_1 + y_2$ för alla $x_1 \in A_1$ och $x_2 \in A_2$. Alltså är $y_1 + y_2 \notin B$. Vi har visat $\emptyset \subset B \subset \mathbb{Q}^+$.

§1(b): Om $x_1 + x_2 \in B$, så finns ett $y_1 \in A_1$ för vilket $x_1 < y_1$. Summan $y_1 + x_2 > x_1 + x_2$, men även $y_1 + x_2 \in B$. Alltså saknar B största element.

§1(c): Antag $y = x_1 + x_2 \in B$ och låt $z < y$. Sätt $t = z/y$, så att $z = ty = tx_1 + tx_2$ och $0 < t < 1$. Då är $tx_1 < x_1$ och $tx_2 < x_2$, vilket medför $tx_1 \in A_1$ och $tx_2 \in A_2$. Alltså är $z \in B$.

□

13. Teorem. Om A_1 och A_2 är snitt, så är även $A_1 \otimes A_2$ ett snitt.

Bevis: Analogt med beviset för teorem 12 (jmf. Landau teorem 141).
□

14. Notation. Låt oss beteckna *mängden av dedekindsnitt i de posi-*

tiva rationella talen med kalligrafiskt "D":

$$\mathcal{D}(\mathbb{Q}^+) = \{A : A \text{ är ett snitt i } \mathbb{Q}^+\}$$

□

Den korrespondens dedekindkonstruktionen upprättar mellan snitt kontra positiva reella tal är nu följande:

$$\begin{array}{lcl}
\text{positivt reellt tal } \alpha & \longleftrightarrow & \text{snitt } A \\
\mathbb{R}^+ & \longleftrightarrow & \mathcal{D}(\mathbb{Q}^+) \\
\mathbb{Q}^+ & \longleftrightarrow & \{q^* : q \in \mathbb{Q}^+\} \\
\alpha < \beta & \longleftrightarrow & A \subset B \\
\alpha = \beta & \longleftrightarrow & A = B \\
\alpha + \beta & \longleftrightarrow & A \oplus B \\
\alpha\beta & \longleftrightarrow & A \otimes B \\
\alpha - \beta \ \ (\alpha > \beta) & \longleftrightarrow & A \ominus B \\
1/\alpha & \longleftrightarrow & A^{-1} \\
\alpha/\beta & \longleftrightarrow & A \oslash B
\end{array}$$

Här är A och B de snitt som motsvarar de reella talen α respektive β. Operationerna $\oplus$, $\otimes$ och A^{-1} definieras längre fram i texten.

Med andra ord: mängden av positiva reella tal identifieras med mängden av snitt i mängden av positiva rationella tal; att ett reellt tal är mindre än ett annat går på ett ut med att det ena snittet är en äkta delmängd av det andra; att två reella tal får identifieras under likhetstecknet går på ett ut med att deras korresponderande snitt är identiska mängder; och operationer på reella tal översättes till särskilda operationer på snitt.

15. Teorem. Operationerna addition och multiplikation på snitt uppfyller följande allmänna räknelagar, för alla $A, B, C \in \mathcal{D}(\mathbb{Q}^+)$:

(a) $A \oplus B = B \oplus A$

(b) $A \oplus (B \oplus C) = (A \oplus B) \oplus C$

(c) $A \otimes B = B \otimes A$

(d) $A(BC) = (AB)C$

(e) $A(B \oplus C) = AB \oplus AC$

Bevis:

(a) Eftersom $x+y = y+x$, för alla $x, y \in \mathbb{Q}^+$, så är mängderna $A \oplus B$ och $B \oplus A$ identiska. Alltså: påstående (a) är en närmast direkt följd av att addition är kommutativ i de rationella talen. Påståendena (b), (c) och (d) är, helt i analogi med (a), direkta följder av motsvarande räknelagar för $\mathbb{Q}^+$. Så, till den distributiva lagen (e) för snitt:

1. Antag $q \in$ VL. Det betyder att $q = x(y+z)$, för något $x \in A$, $y \in B$ och $z \in C$. Nu är $x(y+z) = xy + xz \in$ HL. Alltså $q \in$ HL.

2. Omvänt, antag $q \in$ HL. Det betyder att $q = x_1 y + x_2 z$, för några $x_1, x_2 \in A$, $y \in B$ och $z \in C$. Låt $x_3 = \max\{x_1, x_2\}$, så att $x_3 \in A$. Nu är $x_1 y + x_2 z \leq x_3 y + x_3 z = x_3(y+z)$. Men $x_3(y+z) \in$ VL, alltså är även $q \in$ VL.

3. Ur rad (1) o (2) följer att mängden $A(B \oplus C)$ är identisk med mängden $AB \oplus AC$.

□

16. Teorem. För alla snitt A är $1^* \otimes A = A \otimes 1^* = A$.

Bevis:

1. Antag att $y \in 1^* \otimes A$. Då är $y = tx$, för något $t \in 1^*$ och $x \in A$. Eftersom $t < 1$ är $y < x$, och därför $y \in A$. Det följer att $1^* A \subseteq A$.

2. Omvänt, antag att $x \in A$. Enligt def. 1(b) finns $y \in A$ för vilket $x < y$. Då är $x/y < 1$, så att $x/y \in 1^*$. Det följer att

$$x = \frac{x}{y} \cdot y \in 1^* A$$

vilket visar $1^* A \subseteq A$.

3. Slutsatsen ur (1) o (2) är $1^* \otimes A = A$. Att även $A \otimes 1^* = A$ följer av kommutativiteten.

□

17. För beviset av teorem 18 kommer vi ha nytta av en liten hjälpsats, som är tämligen intuitivt evident:

Teorem (lemma). Låt A vara ett snitt, och $x \in \mathbb{Q}^+$. Då finns undertal $y \in A$ och övertal $z \in A^c$ för vilka $z - y = x$. Det vill säga, givet ett snitt kan varje positivt rationellt tal uttryckas som skillnaden mellan något övertal och undertal till snittet.

Bevis:

Låt $x_1 \in A$, och betrakta alla rationella tal på formen

$$x_1 + nx$$

där $n \in \mathbb{N}$. För något $n > 0$ är naturligtvis alla därpå följande tal på den givna formen övertal till A (annars skulle vi hamna i strid med den arkimediska egenskapen i $\mathbb{Q}^+$). Mängden av alla heltal n för vilka $x_1 + nx$ är övertal till A har ett minsta element, som vi betecknar n_1. Eftersom $n_1 > 0$ kan vi sätta

$$y = x_1 + (n_1 - 1)x$$
$$z = y + x = x_1 + n_1 x$$

Vi ser att $z - y = x$, med $y \in A$ och $z \in A^c$.

□

18. Teorem. Identitet– och ordningsrelationen på snitt uppfyller följande egenskaper, för alla $A, B, C \in \mathcal{D}(\mathbb{Q}^+)$:

(a) $A < A \oplus B$

(b) $A \oplus C = B \oplus C \iff A = B$

(c) $A \oplus C < B \oplus C \iff A < B$

Bevis:

(a) Låt $y \in B$. Enligt lemma 17 finns $x \in A$ och $z \in A^c$ för vilka $z - y = x$. Men $z = x + y \in A \oplus B$, det vill säga $A \subset A \oplus B$.

För att visa (b)–(c) räcker det med att visa implikationen (c) åt vänster

$$A < B \implies A \oplus C < B \oplus C \tag{c.1}$$

eftersom övriga implikationer följer av (c.1) och ordningsrelationens totalitet, §9(d).

1. Antag $A < B$. Det medför att det finns $x \in B$ sådant att $x \notin A$, det vill säga $x \in A^c$ är ett övertal till A. Välj ett $y \in B$ för vilket $x < y$. Det gäller förstås $y \in A^c$.

2. Enligt lemma 17 finns $z \in C$ och $u \in C^c$ för vilka

$$u - z = y - x$$

Detta ger

$$x + u = x + ((y - x) + z) = y + z$$

3. Nu är $y + z$ ett undertal till $B \oplus C$ och $x + u$ ett övertal till $A \oplus C$. Ur (2) följer $A \oplus C < B \oplus C$, vilket skulle bevisas.

□

19. En anmärkning. Efter att de samband vi nu gått igenom har etablerats för snitt, går Landau i sin framställning vidare med att visa att subtraktion $A - B$ (för $B < A$) är väldefinierad, några ytterligare samband för multiplikation med snitt samt att multiplikativ invers A^{-1} existerar, så att även allmän division A/B är väldefinierad i $\mathcal{D}(\mathbb{Q}^+)$.

Förhoppningsvis har läsaren såhär långt dock fått sig en uppfattning om hur de tekniska detaljerna vid symbolisk konstruktion och existensbevis via dedekindsnitt kan se ut. Av denna anledning nöjer jag mig med att bara konstatera relevanta teorem och definitioner, och hänvisar den intresserade läsaren till Landaus bok för bevisdetaljer. Bevisen är, om inte svåra, så åtminstone en smula tekniskt pilliga och det är onödigt att uppfinna hjulet igen.

20. Teorem. Antag snittet $A > B$. Då har (i) ekvationen

$$B \oplus X = A \tag{20.I}$$

en entydigt bestämd lösning, och (ii) denna lösning är mängden av alla differenser på formen $z = y - x$, där $x < y$, y är ett undertal till A och x är ett övertal till B:

$$X = \{z \in \mathbb{Q}^+ : \exists x \in B^c\ \exists y \in A\ (x < y\ \wedge\ z = y - x)\}$$

Bevis: Landau, teorem 140. □

Definition. Givet $A > B$ kallas den entydigt bestämda lösningen X till ekvationen (20.I) för **differensen, skillnaden** mellan A och B, och vi betecknar den $A \ominus B$ (utläses som vanligt "A minus B", etc). Vidare, själva ekvationen (20.I) kallar vi den för differensen $A \ominus B$ **definierande ekvationen.** □

21. Teorem. Identitet– och ordningsrelationen på snitt uppfyller följande egenskaper, för alla $A, B, C \in \mathcal{D}(\mathbb{Q}^+)$:

(a) $AC = BC \iff A = B$

(b) $AC < BC \iff A < B$

Bevis:

1. Analogt med beviset för teorem 18(b)–(c) räcker det med att visa implikationen (b) åt höger

$$A < B \implies AC < BC \tag{b.1}$$

Detta eftersom övriga implikationer antingen är självklara eller följer av (b.1) och ordningsrelationens totalitet, teorem 9(d).

2. Så, till påstående (b.1). Antag $A < B$. Enligt §20 finns då ett D sådant att $A + D = B$. Därav följer, med redan etablerade räknelagar för snitt, att

$$BC = (A + D)C = AC + DC > AC$$

vilket skulle bevisas.

□

22. Definition. Den **multiplikativa inversen** A^{-1} till ett givet snitt A är mängden av alla rationella tal på formen $1/y$, där y tillhör den övre klassen A^c till A, men utgör inte det eventuella minsta talet (minimala elementet):

$$A^{-1} =_{\mathsf{def}} \{y^{-1} : y \in A^c \land y \neq \min(A^c)\}$$

□

Definitionen är väl ställd eftersom $0 < y$ för alla $y \in A^c$.

Teorem. Låt A vara ett snitt. Då är (i) mängden A^{-1} också ett snitt, och (ii)

$$AA^{-1} = A^{-1}A = 1^*$$

Bevis: Landau, teorem 152. □

23. Teorem. Låt A och B vara snitt. Då har ekvationen

$$BX = A \tag{23.I}$$

en (i) entydigt bestämd lösning, och (ii) lösningen är

$$X = A \otimes B^{-1} \tag{23.II}$$

Bevis:

(i) Om $X_1 \neq X_2$ så är $BX_1 \neq BX_2$, enligt teorem 21. Det finns med andra ord högst en lösning.

(ii) Låt X vara som i likheten (23.II). Då är

$$BX = XB = (AB^{-1})B = A(BB^{-1}) = A \otimes 1^* = A$$

så X är en lösning till ekvation (23.I).

□

Definition. Den entydigt bestämda lösningen till $X = AB^{-1}$ till ekvation (23.I) kallas för **kvoten (vid allmän division)** mellan snitten A och B, och vi betecknar denna $A \oslash B$ (utläses som vanligt "A dividerat med B", "A genom B", "A delat med B", etc). Själva ekvationen (23.I) kallas vi den för kvoten och division med snitt **definierande ekvationen.** □

24. Definition. Låt A vara ett snitt och $n \in \mathbb{Z}$. Då definierar vi **potensen A upphöjt till n** som:

$$A^n =_{\mathsf{def}} \begin{cases} A \otimes A \otimes \ldots \otimes A, & \text{om } n > 0, \\ 1^*, \quad \text{om } n = 0, \\ (A^{-1})(A^{-1})\ldots(A^{-1}), & \text{om } n < 0. \end{cases}$$

□

25. Teorem. Mängden av rationella snitt $\mathcal{Q}^* = \{q^* : q \in \mathbb{Q}^+\}$ är en delstruktur av $\mathcal{D}(\mathbb{Q}^+)$ isomorf med kroppen av rationella tal $\mathbb{Q}$, och den ordningsbevarande isomorfin är helt enkelt 1 till 1–korrespondensen

$$\phi : q \mapsto q^*$$

Det vill säga:

(a) $\quad p = q \iff p^* = q^*$

(b) $\quad p < q \iff p^* < q^*$

(c) $\quad (p+q)^* = p^* \oplus q^*$

(d) $\quad (p \cdot q)^* = p^* \otimes q^*$

(e) $\quad (p-q)^* = p^* \ominus q^*$, *givet att* $p > q$

(f) $\quad (p/q)^* = p^* \oslash q^*$

Bevis:

Vi visar några av påståendena, och hänvisar resterande till Landau.

(a)–(b): Implikationen åt höger är trivial, implikationen åt vänster följer av ordningsrelationens totalitet i $\mathcal{D}(\mathbb{Q}^+)$, teorem 9(d).

(c) 1. Antag $z \in p^* \oplus q^*$. Detta medför att det finns positiva rationella tal $x < p$ och $y < q$ för vilka $z = x + y$. Alltså är $z < p + q$, så att $z \in (p+q)^*$.

2. Omvänt, antag $z \in (p + q)^*$. Detta medför $z < p + q$. Sätter vi $t = z/(p + q)$ har vi

$$z = tp + tq$$

Men $t < 1$, så $tp < p$ och $tq < q$. Talet z är alltså summan av två tal strikt mindre än p respektive q, vilket innebär att $z \in p^* \oplus q^*$.

3. Ur rad (1) o (2) följer att mängderna $(p + q)^*$ och $p^* \oplus q^*$ är identiska, vilket är påstående (c).

Bevisen för (d)–(f) är snarlika det för (c), se Landau teorem 155.

□

Lägg speciellt märke till att varje heltal n har en unik motsvarighet n^* i $\mathcal{D}(\mathbb{Q}^+)$, och att $(m/n)^* = m^* \oslash n^*$, för alla $m, n \in \mathbb{Z}^+$.

26. En anmärkning. Nu är det hög tid för oss att etablera och lyfta fram de egenskaper hos systemet av reella tal och den algebraiska strukturen fullständigt ordnad kropp som gör att dessa skiljer sig från de rationella talen, nämligen i förekomsten av irrationella tal och därmed sammanhängande den egenskap som i analysböckerna brukar rubriceras som olika varianter av *fullständighetsegenskap* för $\mathbb{R}$. De två vanligaste formuleringarna av fullständighetsegenskapen är, som sagt, *supremumaxiomet* (axiomet om minsta övre gräns) respektive *monotonitetsaxiomet* (axiomet om växande begränsade talföljer). Supremumaxiomet har innebörden att alla mängder av reella tal har en minsta övre gräns, monotonitetsaxiomet har innebörden att alla växande uppåt begränsade talföljder har ett reellt gränsvärde. Dessa är hur som helst matematiskt ekvivalenta egenskaper; mer exakt, givet övriga axiom för en ordnad kropp är det ena giltigt om och endast om det andra också är giltigt.

Här är vårt mål att visa hur de definierande villkoren för en FLOK kan härledas som teorem inom vår dedekindmodell för $\mathbb{R}$. Och för denna modell av strukturen lämpar sig supremumaxiomet särskilt väl, då det faller ut som en nästan omedelbar konsekvens av konstruktionen.

27. Teorem. Varje uppåt begränsad mängd $\mathcal{M}$ av snitt har en minsta övre gräns/supremum i $\mathcal{D}(\mathbb{Q}^+)$. Närmare bestämt är

$$\sup(\mathcal{M}) = \cup_{A \in \mathcal{M}} A = \{q \in \mathbb{Q}^+ : \exists X \ (q \in X \wedge X \in \mathcal{M})\}$$

Bevis:

Låt $\mathcal{M}$ vara en mängd av snitt. Sätt

$$L = \cup_{A \in \mathcal{M}} A$$

Vi påstår (i) att L är ett snitt, och (ii) att L är den minsta övre gränsen till $\mathcal{M}$. Bevis av (i):

Till §1(a) börjar vi med att konstatera att $L \neq \emptyset$, givet att $\mathcal{M} \neq \emptyset$. Låt A_0 vara en övre gräns till $\mathcal{M}$, det vill säga $A \leq A_0$ för alla $A \in \mathcal{M}$. Då är $x^* \leq A_0$ för alla $x \in L$, vilket medför $L \neq \mathbb{Q}^+$.

Villkor §1(b) följer av L:s definition:

$$x \in L \implies \exists X \in \mathcal{M} \, (x \in X) \implies \exists y \, (y \in X \wedge x < y) \implies \exists y \, (x < y \wedge y \in L)$$

för alla $x \in L$.

Egenskap §1(c) följer med ett liknande resonemang.

Till (ii): Vi behöver visa att L är (α) en övre gräns till $\mathcal{M}$ och att (β) om $X < L$ finns minst ett $A \in \mathcal{M}$ för vilket $X < A$:

Antag (α) är falskt, det vill säga, antag $\exists A \in \mathcal{M} \ (L < A)$. Det betyder att $L \subset A$, det finns alltså minst ett $x \in \mathbb{Q}^+$ som tillhör A men inte L. Men $x \in A \implies x \in L$, givet hur L är definierad, en motsägelse.

Så till (β): Antag $X < L$. Då finns ett $x \in \mathbb{Q}^+$ som tillhör L men inte X. Då finns enligt definitionen av L ett $A \in \mathcal{M}$ med $x \in A$. Alltså är $X < A$, och beviset är klart.

□

28. Teorem. Ekvationen $X \otimes X = A$ har (i) en entydigt bestämd lösning för alla snitt A, och (ii) lösningen är

$$X = \{q \in \mathbb{Q}^+ : q^* \otimes q^* < A\}$$

Bevis: Landau, teorem 161. □

Speciellt ser vi att lösningen till ekvationen är $A(n, 2) = \sqrt{n^*}$, i det fall $A = n^*$, där $n \in \mathbb{Z}^+$. Det reella talet $\sqrt{2}$ motsvaras i dedekind-konstruktionen av snittet $\sqrt{2^*}$.

Definition. Den till ekvationen $X \otimes X = A$ entydigt bestämda lösningen enligt teorem 28 kallas för **(kvadrat)roten ur** A och betecknas $\sqrt{A}$. □

29. Teorem. Antag d är ett positivt heltal, som inte utgör kvadraten på något annat heltal. Då är $\sqrt{d^*}$ ett irrationellt snitt (och motsvarande reella tal $\sqrt{d}$ ett irrationellt tal).

Följande bevis återfinns i avsnitt IV av Dedekinds uppsats *Om kontinuitet och irrationella tal*:

Bevis:

> Här behöver man (a) till att börja med visa att det inte finns något rationellt tal q för vilket $q^2 = d$.
>
> Detta är en konsekvens av (1) att kvadraten på varje bråk a/b som inte är ett heltal inte heller utgör ett heltal. För att visa påstående (1) kan man utnyttja (2) aritmetikens fundamentalsats, att varje heltal > 1 kan skrivas som en produkt av primtal på ett sätt som är entydigt om man ställer primtalen i storleksordning (normalform). Gör (3) antagandet att a/b är maximalt förkortat. Om (4) kvadraten $(a/b)^2 = a^2/b^2$ var ett heltal, så måste (5) minst en primfaktor p i b^2 vara en delare till minst en primfaktor p' i a^2. Men (5) är endast möjligt ifall $p = p'$, vilket innebär (6) att a/b kan förkortas ytterligare, motsägande antagandet (3). Alltså (7) $(a/b)^2$ är inte ett heltal. (För mer detaljer, se artikeln ”Identifiering av irrationella heltalsrötter”.)
>
> Kvadraten på varje rationellt tal x är alltså antingen $< d$ eller $> d$. Sätt $A = A(d, 2)$. Ska vi vara noggranna behöver vi nu (b) demonstrera att den

övre klassen A^c saknar minsta element och den undre klassen A största element (det senare är förstås en konsekvens av teorem 5 redan).

För $x \in \mathbb{Q}^+$, låt y vara funktionen

$$y(x) = \frac{x(x^2 + 3d)}{3x^2 + d} \tag{8}$$

Detta ger, med en del algebraiska manipulationer, att

$$y - x = \frac{2x(d - x^2)}{3x^2 + d} \tag{9}$$

Vidare får vi

$$y^2 - d = \frac{(x^2 - d)^3}{(3x^2 + d)^2} \tag{10}$$

Antag (11) att $x \in A$, så att $x^2 < d$. I så fall är $y > x$, enligt (9), och $y^2 < d$. Alltså är även $y \in A$, det vill säga inget största element kan finnas. Antag istället (12) att $x \in A^c$, i vilket fall måste gälla $x^2 > d$. Således är $0 < y < x$ och $y^2 > d$, varför även $y \in A^c$, det vill säga inget minsta element finns i A^c.

Slutsatsen av resonemanget (8)–(12) är att $A(d, 2)$ inte kan skrivas på formen $A(q, 1)$ för något rationellt tal q, och beviset för teoremet är klart.

□

1.3.3 Övergången från $\mathcal{D}(\mathbb{Q}^+)$ till $\mathcal{R}$

30. Det är inte mycket, men det som noga taget saknas för att göra mängden $\mathcal{D}(\mathbb{Q}^+)$ av snitt till en modell av en FLOK är (i) ett neutralt element 'noll' med avseende på addition, samt (ii) en additiv invers '$(-A)$' till varje givet element A. Vi behöver, kort sagt, talet 0 och negativa tal.

Den väg som Landau går för att komplettera modellen är att helt sonika "skapa" en konstantsymbol betecknad 0 och en operatorsymbol betecknad $-A$ tillämpad på varje givet snitt A, och därefter specificera vissa allmänna regler för symbolerna och hur utvidgningen av till exempel addition och multiplikation ska göras. Det handlar i allt väsentligt om funktionsdefinitioner. Landau förefaller själv att uppfatta denna approach som tillräckligt stringent.

Låt $\mathcal{R}$ beteckna den mängd vi erhåller genom att *komplettera* mängden av snitt $\mathcal{D}(\mathbb{Q}^+)$ med objektet 0 och varje symbol $-A$, där A är något snitt. Med mängdlärans notation:

$$\mathcal{R} = \mathcal{D}(\mathbb{Q}^+) \cup \{0\} \cup \{-A : A \in \mathcal{D}(\mathbb{Q}^+)\}$$

Mängden $\mathcal{R}$ utgör en sorts *komplettering* av $\mathcal{D}(\mathbb{Q}^+)$, och elementen kallar vi i konstruktionen för **reella tal**. I det följande använder vi små bokstäver $x, y, z, \ldots$ som variabler för element i $\mathcal{R}$.

Det mest grundläggande i Landaus algebraiska approach är att operatorsymbolen '−' utvidgas till en additiv invers, som vi för tydlighetens skull kan beteckna $n(x)$ och kallar *negativoperatorn* eller *den additiva inversen (till x)*. Följande regler ska uppfattas som exempel på allmänna funktionsdefinitioner för hanterandet av negativoperatorn n och det nya objektet 0. För alla $x, y \in \mathcal{R}$:

(N_0) $n(0) = 0$

(N_1) $n(x) = n(y) \iff x = y$

(N_2) $n(n(x)) = x$

(N_3) $x + n(x) = 0$

(N_4) $x \in \mathcal{D}(\mathbb{Q}^+) \implies -x < 0 < x$

Snitten på dylikt sätt kompletterade till mängden $\mathcal{R}$ bildar en fullständigt ordnad kropp, visar sedan Landau (dock använder han inte termen "fullständigt ordnad kropp", men att villkoren är satisfierade framgår av boken).

Ett vanligt alternativ är att istället introducera noll och negativa tal mängdteoretiskt som vissa *ekvivalensklasser av ordnade par av snitt*. Den intuitiva motiveringen bakom denna konstruktionsmetod är följande: Ett par av positiva (reella, rationella eller hela) tal (x, y)

kan tänkas representera en utvidgad typ av tal

$$\alpha = y - x$$

beroende på *om differensen $y-x$ är positiv, negativ eller noll.* I Stoll's bok (avsnitt 3.2) kallas det ordnade paret av positiva tal (x, y) just för en *differens.* Två sådana ordnade par/differenser av positiva tal (x_1, y_1) och (x_2, y_2) kan sägas utgöra/representera/motsvara samma utvidgade tal om och endast om

$$y_1 - x_1 = y_2 - x_2 \tag{a}$$

det vill säga *om differensen mellan talen är precis lika stor.* Eftersom vi dock inte definierat subtraktion generellt för snitt, behöver ekvationen (a) omformuleras till det matematiskt ekvivalenta påståendet

$$x_1 + y_2 = x_2 + y_1 \tag{b}$$

vilket endast innehåller operationen addition. Den sista likheten kan utnyttjas som ett *identitetskriterium* för ordnade par av tal uppfattade som representanter för den utvidgade taltypen, liknande identitetskriterierna för bråk (ordnade par av heltal) som representanter för rationella tal.

Denna reflektion föranleder då definitionen av en relation $\sim_R$ på mängden av ordnade par av snitt:

$$(A_1, B_1) \sim_R (A_2, B_2) \iff_{\mathsf{def}} A_1 \oplus B_2 = A_2 \oplus B_1$$

Det är en lätt sak att visa att $\sim_R$ utgör en ekvivalensrelation på mängden av dessa ordnade par av snitt. En ekvivalensklass av ordnade par med avseende på relationen $\sim_R$ definieras som ett **reellt tal**. Med mängdlärans typiska notation $[(A, B)]_{\sim_R}$. Operationerna $\oplus$ och $\otimes$ kan utvidgas till ordnade par av snitt, på ett sätt som respekterar ekvivalensklasserna. Till exempel är

$$(A_1, B_1) \oplus (A_2, B_2) =_{\mathsf{def}} (A_1 \oplus A_2, B_1 \oplus B_2)$$

En modell för det neutrala elementet **noll** är den ekvivalensklass som består av alla par på formen (A, A), det vill säga

$$0 = [(1^*, 1^*)]_{\sim_R} = \{(A, A) : A \in \mathcal{D}(\mathbb{Q}^+)\}$$

eller med något annat valfritt som representant istället för $(1^*, 1^*)$. Ett reellt tal är **negativt** (< 0) om det finns en representant (A, B) för vilken $A > B$ (detta gäller därmed alla representanter). Exempel:

$$-1 = [(2^*, 1^*)]_{\sim_R}$$

Ett reellt tal är **positivt** (> 0) om $A < B$. Exempel:

$$3 = [(1^*, 4^*)]_{\sim_R}$$

Generellt gäller

$$[(A, B)]_{\sim_R} = -[(B, A)]_{\sim_R}$$

Ekvivalensklasser av ordnade par är nog den vanligaste approachen för formell–algebraisk konstruktion av negativa tal, då den ger en tekniskt smidigare uppbyggnad. Den är också mer ändamålsenlig om det specifika syftet just är att bara konstruera *någon modell* för en särskild algebraisk struktur, i vårt fall en FLOK. Vretblad skriver:

> Nackdelen med den [Landaus ovan antydda konstruktionsmetod] är att många bevis (för räkneregler osv.) blir sönderstyckade i en massa ”fall”, beroende på de ingående talens tecken och relativa storlekar. Den metod vi skisserat [ekvivalensklasser av ordnade par av snitt] ger en elegantare uppbyggnad av teorin.[11]

Konstruktionsmetoden som ekvivalensklasser av ordnade par finns också i artikeln ”Negativa tal och negativoperatorn: den algebraiska approachen” (DFM III(b)). Jämför också med appendix 5 av Vretblads lärobok eller Stoll's *Set Theory and Logic*, avsnitt 3.2–3.3, konstruktion av $\mathbb{Z}$ från $\mathbb{N}$. Jag överlåter på den intresserade läsaren att

[11] Anders Vretblad, *Algebra och kombinatorik*, s. 201.

fördjupa sig mer i befintliga framställningar.

31. Modellen för vår FLOK är alltså *mängden av alla ekvivalensklasser av ordnade par av snitt i de positiva rationella talen med avseende på relationen* $\sim_R$. Detta är, i denna modell, "de reella talen".

Teorem. *Systemet*

$$\mathcal{R} =_{\mathsf{def}} (\mathcal{D}(\mathbb{Q}^+) \times \mathcal{D}(\mathbb{Q}^+))/\sim_R$$

är en fullständigt ordnad kropp.

Därmed sagt låter vi den här översikten på existensbeviset för den fullständigt ordnade kroppen genom modellering i dedekindsnitt vara fullbordad. □

1.4 Cantors cauchyföljdsmetod för symbolisk konstruktion och existensbevis

1.4.1 Övergripande planritning

Jag tänker här bara ge läsaren en skiss av cauchyföljdsmetoden, och för det mesta utelämna bevisen. För fler detaljer hänvisar jag läsaren till Robert Stolls "mindre klassiker" *Set Theory and Logic* och övriga texter i litteraturlistan.

För somliga kan Cantors metod verka mer attraktiv än Dedekinds, delvis kanske därför att vi idag är så vana vid att tänka på reella tal i termer av oändliga decimalutvecklingar, att det är något vi börjar vänja oss vid redan i grundskolans elementära matematikundervisning. Tekniskt sett är de dock likvärdiga, om syftet endast är att konstruera någon modell av en FLOK ovanpå $\mathbb{Q}$, och inte att finna någon filosofisk väsensdefinition av 'de reella talen'.

En skillnad är att vi i cauchyföljdskonstruktionen med fördel går direkt från hela $\mathbb{Q}$ till $\mathbb{R}$, utan att behöva så att säga mellanlanda i $\mathbb{R}^+$. Samtidigt kan åtminstone jag uppleva Dedekinds metod som tekniskt något enklare, och därmed mer elegant.

Metoden att konstruera de reella talen/den fullständigt ordnade kroppen genom ekvivalensklasser av cauchyföljder utgår från Cantor, som skisserade den i en artikel om trigonometriska serier från år 1872. Medan den dedekindska metoden bygger mer på tanken om de reella talens ordning och kontinuitet i förhållande till den rationella tallinjen, så är det rimligt att säga att den cantorska metoden istället anknyter till begreppet oändlig decimalutveckling och oändliga serier, som sätt att approximera reella tal och betrakta det irrationella talet som ett "gränsvärde" för oändliga (rationella) talföljder.

Exempel 1. (a) Två enkla exempel på cauchyföljder är

$$\{a_n\} = \{1, 1, 1, \ldots\}$$
$$\{b_n\} = \{0, 0.9, 0.99, 0.999, \ldots\}$$

det vill säga $a_n = 1$ och $b_n = 1 - 10^n$, för alla $n \in \mathbb{N}$. Som framgår av definition 8 längre fram är de också cauchyekvivalenta, och deras gränsvärde är (uppenbarligen) talet 1. I konstruktionen representerar de två följderna samma reella tal, talet 1.

(b) Låt D_n = det största decimaltal med n decimaler för vilket $D_n^2 <$ 2. Följden

$$\{D_n\} = \{1, 1.4, 1.41, 1.414, \ldots\}$$

är då följden av bästa decimala approximationer till $\sqrt{2}$, det vill säga decimalsummeföljden till $\sqrt{2}$. Denna, liksom varje annan decimalsummeföljd, utgör en cauchyföljd. □

1.4.2 Konstruktion av $\mathcal{R}$ från $\mathbb{Q}$

1. Notation. *Vi låter i det följande 'felgräns', 'noggrannhet', 'avstånd' betecknas med litet grekiskt epsilon, ε. Vi låter det alltid vara underförstått att*

$$\varepsilon \in \mathbb{Q}$$

Om villkoret i något sammanhang är att $\varepsilon > 0$ skriver vi till exempel "... för alla $\varepsilon > 0$".

Vi använder något av de sedvanliga utförliga eller förkortade skrivsätten

$$\{a_n\}_{n=0}^{\infty} \qquad (a_n)_{n=0}^{\infty} \qquad \{a_n\} \qquad (a_n)$$

*för en **(oändlig) följd**, där $a_0, a_1, a_2, \ldots$ kallas följdens **element** och $n = 0, 1, 2, \ldots$ är talföljdens **index** eller **platshållare**. Index kan också börja från talet 1, i vilket fall $n \in \mathbb{Z}^+$.* □

2. Definition. *En **rationell talföljd** är en oändlig följd där alla element är rationella tal. Som variabler för talföljder använder vi inte bara skrivsätten $\{a_n\}$ och så vidare, utan även stora latinska bokstäver, när det underlättar texten:*

$$A, B, C, \ldots$$

En rationell talföljd $\{a_n\}$ kan också definieras som en funktion A från $\mathbb{N}$ (eller $\mathbb{Z}^+$) till $\mathbb{Q}$:

$$A : \mathbb{N} \to \mathbb{Q}, \text{ där } A(n) = a_n, \text{ för alla } n \in \mathbb{N}.$$

□

3. Definition. *En **cauchyföljd** eller **fundamentalföljd** är en oändlig rationell talföljd $\{a_n\}_{n=0}^{\infty}$ som uppfyller följande egenskap: för varje $\varepsilon > 0$ finns ett heltal N sådant att $|a_m - a_n| < \varepsilon$ för alla $m, n > N$.* □

Vi kan också omformulera denna definition såhär, i ledigare prosa: En cauchyföljd är en oändlig följd av rationella tal, sådan att *alla element ligger inom ett avstånd av $\varepsilon > 0$ från varandra, när platshållaren är tillräckligt långt gången.* Med predikatlogisk notation kan vi teckna definitionen:

$$\forall \varepsilon > 0 \; \exists N \in \mathbb{N} \; \forall m, n \in \mathbb{N} \; (m, n > N \implies |a_m - a_n| < \varepsilon)$$

Begreppet om en cauchyföljd är ett sätt att precist kunna artikulera tanken om en talföljd som *ser ut att konvergera* mot något gränsvärde, utan att först behöva anta 'existensen' av detta gränsvärde (vilket skulle leda oss in i ett cirkelresonemang, givet vår uppgift).

4. Definition. Låt $q \in \mathbb{Q}$. Cauchyföljden $\{a_n\}$, för vilken $a_n = q$ för alla index n, säges vara en **konstant** cauchyföljd och vi betecknar den

$$q_{\mathrm{C}}$$

□

Två speciella följder är

$$\begin{aligned} 0_{\mathrm{C}} &=_{\mathsf{def}} (0, 0, 0, \ldots), \qquad \text{samt} \\ 1_{\mathrm{C}} &=_{\mathsf{def}} (1, 1, 1, \ldots) \end{aligned}$$

5. Definition. *Låt $\{d_k\}_{k=1}^{\infty}$ vara en oändlig följd, där alla $d_k \in \{0, 1, 2, 3, 4, 5, 6, 7, 8, 9\}$ och låt $m \in \mathbb{N}$. Låt följden $\{D_n\}_{n=0}^{\infty}$ vara sådan att $D_0 = m$ och*

$$D_n = m + \sum_{k=1}^{n} d_k \cdot 10^{-k}$$

*när $n > 0$. Vi säger i så fall att $\{D_n\}$ är en **decimalserie**, **decimalsummeföljd** eller **decimalutveckling**.* □

Med från analysen sedvanlig notation kan decimalsummeföljden också skrivas

$$m + \sum_{k=1}^{\infty} d_k 10^{-k}$$

(Men det är viktigt att komma ihåg att vi inte har att göra med någon "oändlig addition", utan en underförstådd talföljd, seriens delsummeföljd.)

6. Teorem. *Alla decimalserier $\{D_n\}_{n=0}^{\infty}$ är cauchyföljder.*

Bevis:

Antag $\{D_n\}$ är en decimalserie. Låt $\varepsilon > 0$. Då finns något heltal N för vilket $10^{-N} < \varepsilon$. Antag index $m, n > N$. Utan förlust i resonemangets allmängiltighet kan vi anta $m > n$, så att $0 \leq D_m - D_n = |D_m - D_n|$ (annars omdöper vi bara platshållarna). Vi får

$$\begin{aligned} D_m - D_n &= d_m 10^{-m} + \ldots + d_{n+1} 10^{-n-1} \\ &< 10 \cdot 10^{-m} + \ldots + 10 \cdot 10^{-n-1} \\ &= 10^{1-m} + \ldots + 10^{-n} \qquad (*) \end{aligned}$$

I sista ledet finner vi en geometrisk summa med $m-n$ termer, första term 10^{-n} och konstant kvot $1/10$ (i det fall $m = n+1$ reduceras summan till 10^{-n}). Vi påminner oss om formeln för en geometrisk summa[12], och får summan i HL av ekvation (*) till

$$s = 10^{-n} \frac{1 - 10^{m-n}}{1 - 10^{-1}} \leq 10^{-n} \cdot \frac{1}{9/10} = 10^{-n+1}/9 < 10^{-N}$$

Slutsatsen är att $|D_m - D_n| < 10^{-N} < \varepsilon$, för alla $m, n > N$.

□

7. Teorem. Alla cauchyföljder är både uppåt och nedåt begränsade; med andra ord, givet en cauchyföljd $\{a_n\}$ finns något $\delta \in \mathbb{Q}^+$ för vilket

$$|a_n| < \delta$$

för alla index n.

Bevis:

Enligt definition 3 finns något heltal N sådant att

$$|x_m - x_n| < 1 \qquad (1)$$

[12] Summan $s = a + ak + ak^2 + \ldots + ak^{n-1}$ kan beräknas

$$s = a\frac{1-k^n}{1-k}$$

för alla $m, n > N$. Låt

$$\delta = \max\{|x_0|, |x_1|, \ldots, |x_N|, |x_{N+1}|\} + 1 \tag{2}$$

Om $n \leq N + 1$ så är $|x_n| < \delta$. Antag $n > N + 1$. Enligt olikheten (1) är $|x_n - x_{N+1}| < 1$ och tillsammans med (2) får vi

$$|x_n| < |x_{N+1}| + 1 \leq \delta \tag{3}$$

Slutsats: $|x_n| < \delta$ för alla index n.

□

8. Definition. *Två cauchyföljder $A = \{a_n\}$ och $B = \{b_n\}$ säges vara* ***(cauchy)ekvivalenta*** *om följande egenskap är satisfierad: För alla $\varepsilon > 0$ finns $N \in \mathbb{N}$ sådant att $|a_n - b_n| < \varepsilon$ för alla $n > N$. Vi skriver*

$$A \sim_C B \quad \textit{eller förenklat} \quad A \sim B$$

□

Även denna definition kan omformuleras på liknande sätt: Två cauchyföljder är cauchyekvivalenta om och endast om *differensen $|a_n - b_n|$ är mindre än varje godtyckligt valt avstånd $\varepsilon > 0$, så länge platshållaren n är tillräckligt långt gången.* Med predikatlogisk notation:

$$\forall \varepsilon > 0 \; \exists N \in \mathbb{N} \; \forall n \in \mathbb{N} \; (n > N \implies |a_n - b_n| < \varepsilon)$$

Cauchyekvivalens är ett precist sätt att formulera egenskapen att två följder tycks närma sig samma 'gränsvärde', utan att behöva anta existensen av själva gränsvärdet (vilket skulle vara att hamna i ett cirkelresonemang givet det som är konstruktionens uppgift).

9. Man kunde också omformulera den här definitionen en aning genom att införa ett till begrepp:

Definition. *Med* ***differensföljden*** *till två oändliga rationella talföljder $\{a_n\}$ och $\{b_n\}$ avses följden $\{a_n - b_n\}$.* □

Om vi har att göra med cauchyföljder ser vi att definitionen av cauchyekvivalens är matematiskt ekvivalent med att säga att *differensföljden går mot noll* eller ... *har gränsvärdet noll*, när n går mot oändligheten, givet den sedvanliga definitionen av gränsvärde i analysen.

10. Teorem. Antag cauchyföljderna $\{a_n\} \sim \{b_n\}$. Låt $\varepsilon > 0$. Då finns ett $N \in \mathbb{N}$ sådant att $|a_m - b_n| < \varepsilon$ för alla $m, n > N$.

Bevis:

Låt $\varepsilon > 0$. Per definition finns $N_1 \in \mathbb{N}$ sådant att $|a_m - a_n| < \varepsilon/2$ för alla $m, n > N_1$. Enligt antagandet om cauchyekvivalens mellan följderna finns ett $N_2 \in \mathbb{N}$ för vilket $|a_n - b_n| < \varepsilon/2$ för alla $n > N_2$. Sätt nu $N = \max(N_1, N_2)$. Med användande av triangelolikheten för $\mathbb{Q}$ får vi

$$|a_m - b_n| = |a_m - a_n + a_n - b_n| \leq |a_m - a_n| + |a_n - b_n| < \varepsilon/2 + \varepsilon/2 = \varepsilon$$

för alla $m, n > N$.

□

Vi ser alltså att vi hade kunnat definiera cauchyekvivalens med villkoret $|a_m - b_n| < \varepsilon$ istället för $|a_n - b_n| < \varepsilon$, men som teorem 10 klargör är de två definitionerna matematiskt ekvivalenta, så vi kan använda den enklare av dem.

11. Teorem. Relationen $\sim_c$ är en ekvivalensrelation på mängden av alla cauchyföljder.

Bevis:

Reflexitiviteten och symmetrin hos $\sim_C$ är triviala konsekvenser av definitionen. Låt oss visa transitiviteten. Antag $\{a_n\} \sim_C \{b_n\}$ och $\{b_n\} \sim_C \{c_n\}$. Låt $\varepsilon > 0$. Enligt antagande finns ett N_1 sådant att $|b_n - a_n| < \varepsilon/2$ för alla $n > N_1$. På samma sätt finns ett N_2 för vilket $|c_n - b_n| < \varepsilon/2$ för alla $n > N_2$. Sätt $N = \max N_1, N_2$. Om $n > N$ får vi då att

$$|c_n - a_n| = |(c_n - b_n) + (b_n - a_n)| \leq |c_n - b_n| + |b_n - a_n| < \varepsilon/2 + \varepsilon/2 = \varepsilon$$

Alltså är $\{a_n\} \sim_C \{c_n\}$.

□

12. Notation, definition. *Mängden av alla cauchyföljder* (i $\mathbb{Q}$) betecknar vi med ett stiliserat "C" som

$$\mathscr{C}(\mathbb{Q})$$

Korta sätt utläsa: "C av Q" eller "C i Q".

Nu kan *ekvivalensklassen med avseende på* $\sim_C$ till följden $A = \{a_n\}$, med sedvanlig notation från mängdläran, skrivas

$$[A]_{\sim_\mathrm{C}} \quad \text{eller förkortat} \quad [A]$$

En ekvivalensklass av cauchyföljder kallar vi — inom ramen för konstruktionen — för ett **reellt tal**. Vi betecknar *mängden av alla ekvivalensklasser av cauchyföljder* (i $\mathbb{Q}$) med avseende på relationen cauchyekvivalens med kalligrafiskt "R":

$$\mathcal{R} =_{\mathsf{def}} \{x \mid \exists A \in \mathscr{C}\ (\mathbb{Q}) : x = [A]\}$$

□

Med för mängdläran sedvanlig notation kan definitionen av "de reella talen" enligt denna konstruktion även skrivas

$$\mathcal{R} = \mathscr{C}(\mathbb{Q})/\sim_C$$

Skrivsättet kan utläsas på lite olika sätt: "C i Q genom tilde–c", "C i Q modulo tilde–c", etc. Om $\mathcal{M}$ är någon mängd och $\sim$ en ekvivalensrelation på $\mathcal{M}$ kallas mängden av ekvivalensklasser $\mathcal{M}/\sim$ även för *kvotrummet till* $\mathcal{M}$ *modulo* $\sim$.

13. Definition. Låt $A = \{a_n\}$ vara en cauchyföljd. Följden säges vara en **nollföljd** i det fall

$$A \sim 0_\mathrm{C}$$

Följden säges vara **positiv** om det existerar ett rationellt tal $\gamma > 0$ och ett heltal N sådant att

$$a_n > \gamma$$

för alla $n > N$. Vi skriver i så fall

$$A \succ_{\mathrm{C}} 0_{\mathrm{C}} \quad \text{eller förenklat} \quad A \succ 0_{\mathrm{C}}$$

och säger att följden är **större än** nollföljden. Vidare definierar vi **negativet** till cauchyföljden som följden

$$-A =_{\mathsf{def}} \{-a_n\}_{n=0}^{\infty}$$

Följden A säges slutligen vara **negativ** om $-A$ är en positiv följd. Vi skriver i så fall $A \prec_{\mathrm{C}} 0_{\mathrm{C}}$, eller förenklat $A \prec 0_{\mathrm{C}}$, och säger att följden är **mindre än** nollföljden. □

Negativet till en cauchyföljd är uppenbarligen också en cauchyföljd, så definitionen ovan är väl ställd.

14. Definition. Låt $A = \{a_n\}$ och $B = \{b_n\}$ vara cauchyföljder. Då är **summan** av följderna

$$A + B =_{\mathsf{def}} \{a_n + b_n\}_{n=0}^{\infty}$$

Vi låter **produkten** av följderna vara

$$A \cdot B =_{\mathsf{def}} \{a_n \cdot b_n\}_{n=0}^{\infty}$$

□

Teorem. Summan respektive produkten av två cauchyföljder är också cauchyföljder.

Bevis: Stoll, lemma 3.5.2. □

15. Teorem. Addition och multiplikation med cauchyföljder respekterar ekvivalensrelationen $\sim_{\mathrm{C}}$. Det vill säga, antag cauchyföljderna $A \sim A'$ och $B \sim B'$. Då gäller:

(a) $A + B \sim A' + B'$

(b) $A \cdot B \sim A' \cdot B'$

Dessutom

(c) $A \succ 0_{\mathrm{C}} \implies A' \succ 0_{\mathrm{C}}$

det vill säga positiviteten bevaras under cauchyekvivalens.

Bevis: Stoll, lemma 3.5.4. □

16. Teorem. Summan och produkten av två positiva cauchyföljder är också positiv. Vidare, om A är en cauchyföljd, så är precis ett av följande påståenden giltigt: (i) A är en positiv följd, (ii) A är en nollföljd eller (iii) A är en negativ följd.

Bevis: Stoll, lemma 5.5. □

17. Teorem. Om en cauchyföljd A inte är en nollföljd, så existerar en cauchyföljd B för vilken $AB \sim 1_{\mathrm{C}}$.

Bevis:

Låt $A = \{a_n\}$ vara en cauchyföljd. Enligt antagandet finns ett rationellt tal $\gamma > 0$ och ett heltal N sådana att

$$|a_n| \geq \gamma$$

för alla $n > N$. Introducera följden $\{a'_n\}$ sådan att

$$a'_n = \begin{cases} \gamma, & \text{om } n \leq N \\ a_n, & \text{om } n > N \end{cases}$$

Uppenbarligen är även $\{a'_n\}$ en cauchyföljd, $\{a_n\} \sim \{a'_n\}$ och

$$|a'_n| \geq \gamma$$

för alla index $n \in \mathbb{N}$ överhuvudtaget. Vi kan således definiera följden $B = \{b_n\}$ enligt

$$b_n = 1/a'_n$$

Denna följd är en cauchyföljd (Stoll, lemma 3.5.6) och $\{a'_n\}\{b_n\} \sim 1_C$. Alltså är även AB cauchyekvivalent med 1_C.

□

Vi har alltså visat att alla nollskilda cauchyföljder har en multiplikativ invers, så att allmän division kan utföras i $\mathcal{R}$.

18. Vi kan nu *överföra* summan och produkten från specifika cauchyföljder till hela ekvivalensklasser av cauchyföljder, vad som inom konstruktionen så benämns "reella tal". Dessutom kan vi överföra de ordnande egenskaperna positiv–noll–negativ till ekvivalensklasserna.

19. Definition. Låt $x, y \in \mathcal{R}$ och låt $x = [A]$ och $y = [B]$. Då är **summan** respektive **produkten** av klasserna x och y definierade som

$$x + y =_{\mathsf{def}} [A + B]$$
$$x \cdot y =_{\mathsf{def}} [A \cdot B]$$

□

Att definitionen är väl ställd är en omedelbar konsekvens av teorem 15. Det vill säga, det spelar ingen roll vilka specifika representanter för x och y som används vid bestämning av summan och produkten.

20. Definition. Vi säger att $x \in \mathcal{R}$ är **positivt** (ett *positivt reellt tal*) om och endast om klassen innehåller en positiv cauchyföljd, och vi skriver $x > 0$. Vi säger att x **är talet noll** om $x = [0_C]$, och skriver $x = 0$. Vi säger att x är **negativt** (ett *negativt reellt tal*), om klassen innehåller en negativ cauchyföljd, och skriver $x < 0$. □

21. Definition. Generellt säger vi att klassen x **är talet** q, där $q \in \mathbb{Q}$, om $x = [q_{\mathrm{C}}]$, och skriver även $x = q$. Elementen i mängden $\{[q_{\mathrm{C}}] : q \in \mathbb{Q}\}$ kallas för **rationella reella tal**, och för denna använder vi analogt beteckningen $\mathcal{Q}$. $\square$

Det rationella talet q identifieras alltså i konstruktionen med ekvivalensklassen $[q_{\mathrm{C}}]_{\sim}$. Det befogade i denna identifikation bygger på följande:

Teorem. Funktionen

$$\phi : q \in \mathbb{Q} \mapsto [q_{\mathrm{C}}] \in \mathcal{Q}$$

är en ordningsbevarande isomorfi.

Bevis:

Vi har till exempel

$$\phi(p+q) = [p_{\mathrm{C}} + q_{\mathrm{C}}] = [p_{\mathrm{C}}] + [q_{\mathrm{C}}] = \phi(p) + \phi(q)$$

Jag lämnar resten av detaljerna till läsaren för egen fördjupning.

$\square$

I algebrans terminologi utgör $\mathcal{Q} \subset \mathcal{R}$ en *isomorf bild* av $\mathbb{Q}$.

22. Definition. För $x, y \in \mathcal{R}$ säger vi att x är **mindre än** y om $y - x > 0$, och skriver

$$x < y$$

Relationen $<$ kallas för **olikhets**– eller **ordningsrelationen** på $\mathcal{R}$. Relationen **icke–strikt olikhet** definieras som vanligt:

$$x \leq y \iff_{\mathsf{def}} x < y \vee x = y$$

$\square$

Teorem. Relationen $\leq$ är en linjär ordning på $\mathcal{R}$.

Bevis: En konsekvens av definitionen och teorem 16. $\square$

23. Definition. Låt $x = [A]$ och antag $x \neq 0$. Enligt teorem 17 finns då ett $A' \in \mathscr{C}(\mathbb{Q})$ sådant att $AA' \sim 1_C$. Klassen $x[A']$ kallas för **den multiplikativa inversen** till x och betecknas

$$x^{-1}$$

□

24. Definition. Liksom alltid ger förekomsten av en multiplikativ invers möjligheten att definiera operationen **(allmän) division** för $x, y \in \mathcal{R}$, där $y \neq 0$. Med **kvoten** menas den entydigt bestämda lösningen $z = x \cdot y^{-1}$ till ekvationen $zy = x$ (eller ekvivalent $yz = x$). □

25. Själva nyckelsteget i Cantors konstruktion av de reella talen/FLOK är att göra definitionen eller korrespondensen

$$\begin{array}{lcl}
\mathbb{R} & \longleftrightarrow & \mathcal{R} = \mathscr{C}(\mathbb{Q})/\sim_C \\
\mathbb{Q} & \longleftrightarrow & \mathcal{Q} = \{[q_C] : q \in \mathbb{Q}\} \\
0 & \longleftrightarrow & [0_C] \\
1 & \longleftrightarrow & [1_C] \\
\alpha = \beta & \longleftrightarrow & [A] = [B] \\
\alpha < \beta & \longleftrightarrow & [A] < [B] \\
\alpha + \beta & \longleftrightarrow & [A] + [B] \\
\alpha\beta & \longleftrightarrow & [A] \cdot [B] \\
-\alpha & \longleftrightarrow & -[A] \\
1/\alpha & \longleftrightarrow & [A]^{-1}
\end{array}$$

"De reella talen" är med andra ord, i denna konstruktion och modell, *kvotrummet till mängden av cauchyföljder i de rationella talen modulo relationen cauchyekvivalens.*

26. Teorem. *Mängden $\mathcal{R}$ under addition och multiplikation med ekvivalensklasser av cauchyföljder utgör en linjärt ordnad kropp.*

Bevis: Stoll, teorem 3.6.1. □

27. Teorem. Den ordnade mängden $\mathcal{Q}$ är **tät** i $\mathcal{R}$. Det vill säga:

$$\forall x, y \in \mathcal{R}\ (x < y \implies \exists q \in \mathcal{Q}\ (x < q < y))$$

Bevis: Stoll, teorem 3.6.2. □

28. Teorem. Kroppen $\mathcal{R}$ (precis som $\mathbb{Q}$) har den **arkimediska egenskapen**:

$$\forall x, y \in \mathcal{R}\ (x, y > 0 \implies \exists n \in \mathbb{Z}^+\ (nx > y))$$

Bevis: Stoll, teorem 3.6.3. □

29. Teorem. *Kroppen $\mathcal{R}$ satisfierar supremumaxiomet (LUBP): Varje uppåt begränsad mängd $\mathcal{M}$ av reella tal har en minsta övre gräns* sup($\mathcal{M}$)*. Med andra ord, $\mathcal{R}$ är en fullständigt ordnad kropp.*

Bevis: Stoll, teorem 3.6.4. □

30. Därmed är man klar med konstruktionsbeviset för existensen tolkat som modellerbarheten av en FLOK.

I därpå följande avsnitt 3.7 av *Set Theory and Logic* går Stoll vidare med att visa några satser rörande gränsvärden och utveckling av reella tal till någon heltalsbas $b > 1$, såsom decimalutveckling. Efter att ha återgivit de för matematisk analys sedvanliga (ε, N)–definitionerna av **cauchyföljd av reella tal** respektive **gränsvärdet för en reell talföljd** visar Stoll i tur och ordning att:

Teorem 30.1. Låt $A = \{a_n\}$ vara en rationell talföljd, och låt följden $X = \{x_m\}$ av reella tal vara sådan att $x_m = [\{a_n\}_{n=0}^{\infty}]$, för alla index m. Då är X en cauchyföjd om och endast om A är en cauchyföljd.

Teorem 30.2 (Cauchys konvergenskriterium). *En reell talföljd har ett gränsvärde om och endast om den är en cauchyföljd.*

Bevis: Stoll, lemma 3.7.2, teorem 3.7.1. □

De sista två sambanden fastställer korrespondensen mellan reella tal och decimalutvecklingar, eller generellt, utveckling till någon given heltalsbas $B \geq 2$. För decimalsystemet är förstås $B = 10$.

Teorem 30.3. *Låt B vara ett heltal större än eller lika med 2. Korresponderande mot varje givet icke–negativt reellt tal x finns en av x entydigt bestämd oändlig följd $(n_0, d_1, d_2, d_3, \ldots)$ av heltal sådan att*

(i) n_0 *är det största heltal* $\leq x$ *(alltså heltalsdelen av x),*

(ii) $0 \leq d_n < B$*, för alla* $n \in \mathbb{Z}^+$*, och*

(iii) den rationella talföljd som är rekursivt definierad som

$$\begin{cases} D_0 = n_0 \\ D_{n+1} = D_n + d_{n+1}/B^{n+1} \end{cases} \qquad (*)$$

är en cauchyföljd, och $a_n \to x$ *när* $n \to \infty$.

Teorem 30.4. *Omvänt, låt $(n_0, d_1, d_2, d_3, \ldots)$ vara en oändlig följd av heltal, sådan att $0 \leq d_n < B$ för något heltal $B \geq 2$. Låt $\{D_n\}$ vara motsvarande av (*) rekursivt definierade rationella talföljd. Denna är då en cauchyföljd med ett entydigt bestämt icke–negativt reellt tal x som dess gränsvärde.*

Bevis: Stoll, teorem 3.7.2 och 3.7.3 □

1.5 Karakterisering av talsystemen upp till isomorfi. Kategoricitetsteoremet för FLOK, eller, karakterisering av $\mathbb{R}$

Därmed är vi klara med genomgången/översikten av dessa två metoder för symbolisk konstruktion och existensbevis för en FLOK. I detta avsnitt ska vi istället titta närmare på isomorfisatsen för $\mathbb{R}$, påståendet att mellan varje par av FLOK finns (minst) en ordningsbevarande isomorfi.

Följande översikt av karakteriseringsresultat för våra talsystem och deras motsvarande algebraiska strukturer är ett sammandrag av den mer tekniskt utförliga framställningen i Robert Stolls *Set Theory and Logic*, kapitel 8.

1. Ett av de för definitionen motiverande paradigmexemplen på en algebraisk struktur av typen *kommutativ ring med etta* är $\mathbb{Z}$, systemet av heltal under vanlig addition och multiplikation. Den allmänna abstrakt–algebraiska definitionen är:

Definition. *En **kommutativ ring med etta (KRE)** är en struktur $\langle R, +, \cdot, 0, 1\rangle$ för vilken egenskaperna K1–K5(a) är uppfyllda. Vi låter det vara underförstått att varje ring har minst två element, vilket medför att* $0 \neq 1$. □

En KRE är, kunde man säga, en kropp sånär som på att allmän division inte behöver gå att utföra för alla nollskilda element. Ett annat viktigt exempel på en KRE är **D**, systemet av decimaltal.

2. Dessutom utgör $\mathbb{Z}$ en KRE av typen *integritetsområde* (eng. *integral domain*), vilket ger ett sätt att definiera ordningsrelationen $<$ på $\mathbb{Z}$. Antag R är en ring och att det finns element $a, b \in R$ för vilka $ab = 0$ och $a \neq 0$ och $b \neq 0$. I så fall skulle man säga att a och b är **nolldelare** i R. För våra vanliga talsystem saknas nolldelare, men i många andra typer av ringar finns nolldelare.

Definition. *Ett **integritetsområde** är en kommutativ ring med etta D som saknar nolldelare. Med andra ord, för alla $a, b \in D$,*

$$ab = 0 \implies a = 0 \ \vee \ b = 0$$

□

3. Notation. Om R är en ring och $n \in \mathbb{Z}^+$ sätter vi

$$n \cdot a \ =_{\mathsf{def}} \ a + a + a \ldots + a$$

för den upprepade summan med n förekomster av elementet $a \in R$.

För $n = 0 \in \mathbb{N}$ sätter vi

$$0 \cdot a \ =_{\mathsf{def}} \ 0 \in R$$

□

4. Definition. *Ett* ***ordnat integritetsområde*** *(eng.* ordered (integral) domain*), också kallat för en* ***domän****, är ett integritetsområde D som innehåller en delmängd D^+ med följande egenskaper:*

OD$_1$ *Positivitet bevarad under addition:* $a, b \in D^+ \implies a + b \in D^+$

OD$_2$ *Positivitet bevarad under multiplikation:* $a, b \in D^+ \implies ab \in D^+$

OD$_3$ *Trikotomiegenskapen: För varje element $a \in D$ gäller en och endast en av följande möjliga relationer:*

$$a = 0 \quad a \in D^+ \quad (-a) \in D^+$$

Elementen i mängden D^+ kallas för ***de positiva elementen*** *i D.*

□

5. Definition. *Låt D vara ett ordnat integritetsområde. Vi inför en relation $<$ eller $<_D$ på D enligt*

$$a < b \iff_{\mathsf{def}} (b + (-a)) \in D^+$$

och kallar denna för den av D^+ ***inducerade ordningsrelationen*** *på D. Som vanligt definieras* ***icke–strikt*** *ordning som*

$$a \leq b \iff_{\mathsf{def}} a < b \ \vee \ a = b$$

□

För att namnet på relationen ska vara vettigt och motiverat behövs följande

Teorem. Den utav de positiva elementen inducerade ordningsrelationen $<$ i ett ordnat integritetsområde satisfierar ordningsaxiomen O1–O3.

Bevis: Stoll, avsnitt 8.8. □

Lägg speciellt märke till att $0 < a \iff a \in D^+$, vilket innebär att axiomen OD_1–OD_3 kan omformuleras till att summan $a + b > 0$ och produkten $ab > 0$ om $a, b > 0$ samt att för alla $a \in D$ gäller precis en av $a = 0$, $a > 0$ eller $a < 0$.

6. Teorem. *Varje ordnad kropp är också ett ordnat integritetsområde.*

Bevis: Låt K vara en ordnad kropp. Antag $ab = 0$. Vi behöver visa att $a = 0$ eller $b = 0$. Om $a = 0$ är vi klara, så låt oss anta att $a \neq 0$. Enligt kroppaxiomen finns då en multiplikativ invers a^{-1} till a, och multiplikation ger $b = (a^{-1}a)b = a^{-1}(ab) = a^{-1} \cdot 0 = 0$. De positiva elementen i K är $K^+ = \{x \in K : x > 0\}$. □

7. Teorem. *Låt D vara ett ordnat integritetsområde. Då gäller:*

(a) *D innehåller ett undersystem N_D isomorft med de naturliga talen $\mathbb{N}$.*

(b) *D innehåller ett undersystem Z_D, som också är ett ordnat integritetsområde, och dessutom är isomorft med de hela talen $\mathbb{Z}$.*

Bevis: Stoll, teorem 8.8.1, 8.8.2. □

Varje ordnat integritetsområde innehåller alltså en *isomorf bild* av $\mathbb{N}$ respektive $\mathbb{Z}$. Det underordnade systemet av 'naturliga tal' i D är förstås mängden

$$\mathsf{N}_D = \{0,\ 1,\ 1+1,\ 1+1+1, \ldots\} = \{n \cdot 1 : n \in \mathbb{N} \ \wedge \ 1 \in D\}$$

Genom att komplettera N_D med additiva inverser får vi Z_D. Elementet $n \cdot 1 \in D$ kan kallas **det naturliga talet n i det ordnade integritetsområdet D**. Som beteckning kunde användas samma skrivsätt

n som för naturliga tal alternativt n_D om behov av större tydlighet finns.

8. Som en algebraisk struktur kan heltalen under vanlig addition och multiplikation ges följande karakterisering upp till isomorfi, vad man i logiken och algebran benämner ett *karakteriseringsresultat* för heltalen:

Teorem (karakterisering av $\mathbb{Z}$). *Antag D är ett ordnat integritetsområde med egenskapen att mängden $D^{\geq 0}$ av icke–negativa element ur D satisfierar välordningsprincipen N2/den matematiska induktionsprincipen N1. Då är $D \cong \mathbb{Z}$.*

Bevis: Stoll, teorem 8.8.3. □

9. Till varje givet integritetsområde D kan man konstruera en struktur $Q(D)$ kallad *fraktionskroppen* (eng. *quotient field*) till D. Man kan tänka på fraktionskroppen som *mängden av alla bråk* a/b, vars täljare och nämnare hämtas ur integritetsområdet D, under villkoret $b \neq 0$. Att denna konstruktion är möjlig har givetvis att göra med att integritetsområden per definition saknar nolldelare. Grundritningen följer alltså den mängdteoretiska konstruktionen av de vanliga rationella talen $\mathbb{Q}$ genom bråk.

Man introducerar en ekvivalensrelation på mängden av ordnade par $D \times D$ enligt

$$(a, b) \sim (c, d) \iff_{\mathsf{def}} ad = bc$$

och operationer därpå helt i analogi med bråkräkningens vanliga regler. Ett element i $Q(D)$ är en ekvivalensklass av ordnade par ur D, och klassen till paret (a, b) kan typiskt betecknas $[(a, b)]$ eller $[a, b]$. Området D subsumeras/bäddas in i $Q(D)$ genom att identifiera elementet $a \in D$ med elementet $[(a, 1)] \in Q(D)$ — återigen helt analogt med konstruktionen av de rationella talen $\mathbb{Q}$, vari heltalet a identifieras med bråket $a/1$.

Teorem. *För varje integritetsområde D är strukturen $Q(D)$ en kropp* *under vilken D dessutom kan subsumeras (bäddas in).*

Bevis: Stoll, teorem 8.9.1. Fraktionskroppen brukar ingå i samtida introduktioner till abstrakt algebra, t.ex. Beachy & Blair, *Abstract Algebra*, avsnitt 5.4. Beviset består i att konstruera $Q(D)$ och visa att kroppaxiomen är uppfyllda. □

Definition. *Givet ett integritetsområde D kallas strukturen $Q(D)$ för* ***fraktionskroppen*** *till D.* □

Ekvivalensklassen till det ordnade paret (a, b) i $Q(D)$ kan som sagt betecknas $[(a, b)]$ eller $[a, b]$. Men låt oss också för enkelhetens skull följa den notation Stoll använder och liksom för rationella tal skriva 'a/b' för denna ekvivalensklass.

10. Teorem. Låt D vara ett ordnat integritetsområde. Då kan den av D^+ inducerade ordningsrelationen $<_D$ utvidgas till en ordningsrelation $<$ på fraktionskroppen $Q(D)$ enligt definitionen

$$a/b > 0 \iff_{\mathsf{def}} ab \in D^+$$

Detta är dessutom det enda möjliga sätt på vilket ordningen i D kan utvidgas till en ordning i $Q(D)$. Vi ser alltså att om D är ett ordnat integritetsområde, så är fraktionskroppen $Q(D)$ en ordnad kropp. Speciellt gäller att om $D \cong \mathbb{Z}$ så är $Q(D) \cong \mathbb{Q}$.

Bevis: Stoll, teorem 8.9.2. □

11. Teorem (karakterisering av $\mathbb{Q}$). *De rationella talen $\mathbb{Q}$ är den minsta möjliga strukturen av typen ordnad kropp. Eller närmare bestämt: Varje ordnad kropp K innehåller en delkropp Q_K isomorf med $\mathbb{Q}$.*

Bevis: Stoll, teorem 8.9.3. Denna delkropp isomorf med $\mathbb{Q}$ är förstås fraktionskroppen $Q(\mathsf{Z}_K)$ subsumerad under K. — Eftersom varje ordnad kropp också är ett ordnat integritetsområde är teorem 7(b) tillämpbart, så att K rymmer ett ordnat integritetsområde Z_K som ett undersystem isomorft med $\mathbb{Z}$. Eftersom K är en kropp är fraktionskroppen $Q(\mathsf{Z}_K)$ subsumerad under K genom isomorfi (helt enkelt mängden av alla 'bråk' i K). Ur teorem 10 följer dessutom att $Q(\mathsf{Z}_K) \cong \mathbb{Q}$. □

12. Definition. *Men* ***den rationella delkroppen*** *till en ordnad kropp K avses den delkropp till K som är isomorf med $\mathbb{Q}$, och vi betecknar som ovan denna delkropp*

$$\mathsf{Q}_K$$

□

13. Teorem. Antag K är en arkimediskt ordnad kropp. För alla element $a < b$ i K finns då ett q i den rationella delkroppen Q_K för vilket

$$a < q < b$$

Bevis: Stoll, teorem 8.9.4. □

Man säger att mängden/den rationella delkroppen Q_K är **tät** (eng. *dense*) i K.

14. Teorem. *Om K är en fullständigt ordnad kropp, så har K även den arkimediska egenskapen O4 (K är med andra ord en arkimediskt ordnad kropp).*

Bevis:

1. Antag motsatsen, att det fanns ett par av element $a, b \in K$ med $a > 0$, sådana att b vore en övre gräns för alla multipler na.
2. I så fall skulle, enligt supremumaxiomet, mängden $M = \{na : n \in \mathbb{N}\}$ ha en minsta övre gräns $L \leq b$.
3. Ur (2) följer att både na och $(n+1)a$ är $\leq L$, för alla heltal n.
4. Rad (3) medför att $na \leq L - a$, varför $L - a$ också är en övre gräns för mängden M.
5. Men enligt (2) måste $L \leq L - a$, en motsägelse.

□

15. Teorem. *I en fullständigt ordnad kropp K är den rationella delkroppen Q_K tät.*

Bevis: En omedelbar konsekvens av teorem 13 och 14. □

Med andra ord, talsystemet $\mathbb{Q}$ ligger tätt i $\mathbb{R}$.

16. Teorem. Låt K vara en fullständigt ordnad kropp. För ett givet element $c \in K$, låt

$$A_c = \{x \in \mathsf{Q}_K : x < c\}$$
$$B_c = \{x \in \mathsf{Q}_K : x > c\}$$

Då existerar både den minsta övre gränsen (supremum) till A_c och den största nedre gränsen (infimum) till B_c, och dessutom är

$$\sup A_c = c = \inf B_c$$

Bevis:

> Enligt sats 15 ovan finns ett $x \in \mathsf{Q}_K$ för vilket $c - 1 < a < c$, så $A_c \neq \emptyset$. Vidare är c en övre gräns för A_c, och således existerar $\sup A_c \leq c$. För att visa likhet, antag motsatsen: att $A_c < c$. I så fall finns ett $y \in \mathsf{Q}_K$ för vilket $\sup A_c < y < c$, och alltså $y \in A_c$. En motsägelse. På analogt sätt visas att $\inf B_c = c$.

□

17. Så till själva finalen på framställningen i detta avsnitt av texten, kategoricitetssatsen för fullständigt ordnade kroppar:

Teorem C (kategoricitet för FLOK). *Alla fullständigt ordnade kroppar är isomorfa.*

Som ett specialfall följer att $\mathcal{R}_{\text{Dedekind}} \cong \mathcal{R}_{\text{Cantor}}$.

Bevis: En principskiss för beviset, för fler detaljer se Stoll, teorem 8.10.3:

1. Antag K_1 och K_2 är två FLOK.

2. Då är

$$\mathsf{Q}_{K_1} \cong \mathbb{Q} \cong \mathsf{Q}_{K_2}$$

Låt funktionen $f : \mathsf{Q}_{K_1} \to \mathsf{Q}_{K_2}$ beteckna isomorfismen från den rationella delkroppen av K_1 till den i K_2. Den övergripande bevisstrategin härifrån är att *utvidga isomorfismen* f till en isomorfism $\phi : K_1 \to K_2$.

3. Låt $c \in K_1$. Med teorem 16 är det lätt att visa

$$\sup f(A_c) = \inf f(B_c)$$

ett element i K_2 vi kan beteckna c'. Vi sätter nu, förstås,

$$\phi(c) = c'$$

Om $c \in \mathsf{Q}_K$ får vi $\sup f(A_c) = f(c) = \inf f(B_c)$, så att $\phi(c) = c' = f(c)$.

4. Den återstående bevisuppgiften är härifrån att visa att funktionen ϕ bevarar ordningsrelationen, addition respektive multiplikation och är en bijektion:

(a) $c_1 < c_2 \implies \phi(c_1) < \phi(c_2)$

(b) $\phi(c_1 + c_2) = \phi(c_1) + \phi(c_2)$

(c) $\phi(c_1 c_2) = \phi(c_1)\phi(c_2)$

(d) Funktionen ϕ är injektiv.

(e) Funktionen ϕ är surjektiv.

5. Notera att påstående 4(d) är en omedelbar konsekvens av 4(a). För att etablera surjektivitet, för ett godtyckligt $y \in K_2$, sätt $x = \sup(f^{-1}(A_y)) \in K_1$ och visa att $\phi(x) = y$.

□

Man kan omformulera teorem C ovan som ett logiskt–algebraiskt karakteringsresultat för mängden av reella tal:

Teorem C′ (karakterisering av $\mathbb{R}$). *Antag K är en FLOK. Då är* $K \cong \mathbb{R}$.

Bevis: En omedelbar konsekvens av axiomlistan [A] för $\mathbb{R}$ (avsnitt 1.2.2 av detta dokument) och teorem C ovan. □

Man kan slutligen även karakterisera talsystemet $\mathbb{R}$ på följande något alternativa sätt (se avslutningen på kapitel 8 ur Stoll): De reella talen $\mathbb{R}$ är *den minimala kompletteringen* av $\mathbb{Q}$ med en symbol för supremum till varje uppåt begränsad mängd av rationella tal. Eller med andra ord: Varje ordnad kropp K som innehåller supremum för varje uppåt begränsad mängd av element ur dess rationella delkropp Q_K, innehåller en isomorf bild av $\mathbb{R}$.

1.6 Litteraturhänvisningar

Cantor, Georg. "Über die Ausdehnung eines Satzes aus der Theorie der trigonometrischen Reihen". Math. Annalen 5, 123–132 (1872).

Dedekind, Richard. *Essays on The Theory of Numbers.* Project Gutenberg 2007. Två av 1800–talets klassiska texter ur logikens och matematikens historia i engelsk översättning från 1901: *Continuity and Irrational Numbers* (ty. orig. "Stetigkeit und irrationale Zahlen") från 1872, i vilken Dedekind introducerar sin snittmetod, samt *The Nature and Meaning of Numbers* (ty. orig. "Was sind und was sollen die Zahlen?") från 1888.

Landau, Edmund. *The Foundations of Analysis — The Arithmetic of Whole, Rational, Irrational och Complex Numbers.* 3rd ed. Chelsea Publ., 1966. Ty. orig. *Grundlagen der Analysis* från 1929. En detaljerad framställning av talsystemen (med dedekindmetoden för $\mathbb{R}$), egentligen avsedd som ett supplement till läromedel i differential– och integralkalkyl.

Stoll, Robert. *Set Theory and Logic.* W.H.Freeman & Co. rev. ed. 1963. En mindre klassiker bland introduktioner till ämnet logik och mängdlära. Innehåller en gedigen genomgång av cauchyföljdskonstruktionen och algebraisk karakterisering av talsystemen, samt ger en introduktion till mängdlära, sats– och predikatlogik, formella axiomsystem, beräkningsbarhet (algoritmteori), med mera — överhuvudtaget det formella–algebraiska sättet att tänka i matematiken och logiken.

Vretblad, Anders. *Algebra och kombinatorik.* 3:e uppl., Gleerups 1995. Innehåller en introduktion till metoden med dedekindsnitt i appendix.

Allmänna ord om den holistiska framställningsformen för matematiken

Appendix A

1 Studien *Den första matematiken*: syfte och innehåll

Artikelsamlingen och böckerna om "Den första matematiken" behandlar den grundläggande matematiken, dess begrepp, principer och samband.

Med avseende på matematiskt innehåll går vi, i viss mening, inte mycket bortom vad som brukar läras ut i samtida skandinavisk grundskola samt inledande kurser för gymnasiet. Såvitt jag vet gäller det sagda således även grundläggande matematikundervisning i flertalet länder globalt sett. Skillnaden består i att vi intar ett teoretiskt eller filosofiskt fågelperspektiv på ämnets grundkunskaper, av ett slag som normalt inte uppnås när man tillägnar sig grunderna i matematik som nybörjare. Detta är ett tillägnande som görs dels genom att man helt enkelt växer in i sitt modersmål, genom olika sorters övningar i skolan eller genom barnets egen spontana inifrån kommande lek och intresse.

Man kan säga att målet med artikelsamlingen är att ge *en klargörande teoretisk/vetenskaplig översikt på det valda temat*: i det här fallet våra grundkunskaper i modern matematik, sådan den faktiskt förs vidare (traderas) och används i skola, samhälle, ekonomi, teknik och naturvetenskap och andra fackvetenskapliga sammanhang.

Jag har valt att dela upp hela artikelsamlingen i några olika **portföljer** av artiklar:

I. *Grundläggande euklidisk geometri (syntetisk)*

II. *Talteori och diskret matematik*

III. *Elementär aritmetik och algebra*

IV. *Analytisk geometri och algebrans fortsättning*

V. *Allmänna dokument*

Tillsammans täcker dessa väsentliga portioner av den klassiska matematikens traditionella områden — klassisk euklidisk geometri, talteori, aritmetik och (elementär) algebra, men också en nyare matematiks perspektiv på elementär matematik (den abstrakta algebrans perspektiv till exempel).

Det förekommer en del upprepningar av innehåll om man jämför olika artiklar inbördes. Detta har två anledningar. Den ena är helt enkelt att det förstärker effekten av genomgången. Men den viktigare anledningen är att varje artikel kan betraktas som en liten självständig genomgång av någon bit av matematiken som färdighet, praktik och vetenskap. Det är som att vi med en liten strålkastare eller ett ljus så att säga lyser upp en viss kalott av den matematiska globen; och liksom varje försök att avbilda en sfär genom plana (2–dimensionella) projektioner resulterar i viss överlappning av koordinater, så sker viss överlappning av tematiskt innehåll.

2 En holistisk layout och framställningsform

Portföljerna som helhet och dess enskilda artiklar är skrivna med en speciell metod som jag valt att kalla för **den holistiska layouten**

och framställningsformen för matematikämnet.[1] Artiklar skrivna med denna layout och framställningsform kan vi kalla **holistiska artiklar** i matematik. Det finns några för denna layout och form allmänt utmärkande drag, vilka redogörs för i följande delavsnitt.

2.1 Artiklarnas övergripande struktur

Samtliga artiklar har följande övergripande struktur:

(1) **Abstract** — Här sammanfattas artikelns innehåll på några få rader.

(2) **Kärninnehåll** — Rymmer artikelns centrala innehåll, kan även kallas för **artikelkärnan**.

(3) **Kommentarer** — Innehåller matematiskt, historiskt, logiskt eller filosofiskt fördjupande kommentarer till något av de innehåll som behandlas i artikelkärnan.

(4) **Lock/portar** — Innehåller dels **teorifrågor** och dels ett urval av **övningsproblem**, syftande till egen kunskapskontroll, för att befästa minnet och reflektera vidare kring begreppsbildningen.

"Lock/portar" kan uppfattas som ett litet eget dokument med ett genomtänkt och strukturerat urval av frågor, problem eller uppgifter (ett slags "Structured Query Document"). Metaforen "lock" passar till det att man genom frågorna just begränsar och ger ett slags lämplig

[1]Ett annat namn som dök upp för min tanke var "den rhizomatiska layouten", inspirerat av *rhizomet* som en, ganska vanlig, metafor eller liknelse för nätverksliknande strukturer utan något klart definierat centrum eller början och med ett myller av olika skikt och funktioner inom sig (liknelsen kan härledas till den franske filosofen Gilles Deleuze' och psykoterapeuten Felix Guattaris skrift *Tusen platåer*). Jämförelser görs till exempel mellan biologiska rhizom och kulturer som helhet eller med en modern teknisk företeelse såsom internet. Av olika anledningar valde jag dock bort det förslaget till förmån för det som nu används. Termen 'holistisk' är inte heller idealisk, då det finns så många olika definitioner och associationer till den termen, men den inbegriper och associeras med tillräckligt många för mina syften träffande motiv.

inramning av ett visst ämne eller kunskapsmoment. Metaforen "portar" påminner en om att frågorna och problemen inte bara är en avgränsning, utan vad man behöver kunna ta sig igenom på vägen till större kunskap. Till locket/portarna hör också möjliga svar på frågorna eller lösningar till problemen. En viss uppsättning svar och lösningar ger vad vi kunde kalla för en **burk/nycklar**.[2]

2.2 Problem och exempel

Exempel (exempelproblem) lyfts fram i texten genom en inledande rubrik "**Exempel.**" alternativt "**Problem.**" i fetstil. En eventuell lösning inleds med rubrik "**Lösning:**". Exempel och ibland resonemang avslutas i texten med kvadrattecken "□". Det är ganska vanligt att kvadrattecken i matematiklitteraturen även används som sluttecken för bevis.

Ett exempel på hur det kan se ut i artiklarna:

Problem 1. A. ska laga mat till en middag för tio personer, och använder sig av följande recept:

Linssoppa (4 pers)

1 gul lök

2 stora morötter

10 dl grönsaksbuljong

[2]Här behöver tilläggas att locket/portarna inte ersätter behovet av fylligare övningssamlingar i matematik och besläktade ämnen. Att lära sig matematik är framförallt allt annat varierad övning och problemlösning. Det är det "arbete" som krävs. Det är ofta värdefullt — eller nödvändigt för en del studenter — att göra många övningar, ibland med relativt liten variation på ett tema eller moment, för färdigheten och förståelsen samt upplevelsen av skicklighet och förtrogenhet att infinna sig. Hur mycket och i vilken utsträckning man behöver öva på ett visst moment är dock högst individuellt, skulle jag säga. Det är svårt att helt utan vidare spika upp en lång lista med övningsproblem som alla "ska göra" (vad nu det betyder). Men man kan sätta upp en mindre lista med *för momentet typiska, karakteristiska problem* som man rimligtvis "måste" kunna lösa för att alls behärska området. Det är alltså något som närmar sig *en logisk–begreppslig* kriteriespecifikation: det vi här kallar "lock/portar".

1 burk kokosmjölk (à 400 g)

2 dl röda linser

1 msk olivolja

2 tsk paprikapulver

1 tsk spiskummin

1 tsk gurkmeja

1 vitlöksklyfta

1 msk citron alt. 1/2 msk vinäger

1 tsk kokossocker

salt och peppar

Hur många gånger måste A. beräkna måttet för varje ingrediens?

Lösning: Receptet är beräknat för 4 personer. Den fråga vars besvarande löser problemet är: "Hur många gånger går 4 i 10?" Det lämpliga räknesättet är division: $10/4 = 2{,}5$. A behöver alltså multiplicera måttet för varje ingrediens med faktorn 2,5 åtminstone. □

2.3 Display

För att understryka och lyfta fram något eller några stycken matematiska samband, allmänna regler för eller anmärkningar om matematikämnet kommer vi ibland att göra det genom att sätta dem på vad vi här kallar för **display**. Man kunde också kalla det för att sätta dem på *podium*, eller i *belysning* eller *highlight*.

Display är en av de typiska metoderna i den holistiska layouten. Att sätta på display gör vi då genom att lyfta ut en eller några få meningar ur resten av texten, precis så som när man citerar längre stycken i alla andra sorters vetenskapliga (akademiska) texter. Dessutom är det vanligt att kursivera de meningar som sätts på display. Om man så finner lämpligt kan man också på displayen häfta en etikett eller ett serienummer inom hakparenteser i fetstil.

Såhär skulle det kunna se ut:

[*] *Summan av fem och sju är lika mycket som tolv av en given enhet. Med matematisk notation:*

$$5 + 7 = 12$$

Nu tog jag det här påståendet som exempel bara för att illustrera layouten. Vi sätter normalt inte såhär små specialfall av matematiska samband på display. Det skulle bli alldeles för omständligt och rörigt i texten, men gör det vanligen med mer generella matematiska regler, mönster, samband eller kopplingar, såsom centrala definitioner och teorem. Eller, när det helt enkelt gör saker och ting klarare och mer överskådligt. Som ett mer "verklighetstroget" exempel kan vi ta **Pythagoras sats** (i sin ena implikation):

[1] *Om en plan triangel är rätvinklig, så täcker kvadraten på dess längsta sida (hypotenusan) ett precis lika stort område som de två kortare sidornas (kateternas) kvadrater tillsammans.*

Display som en metod att i text återge eller påminna om olika matematiska samband har jag sett förekomma i den matematikhistoriska litteraturen.[3]

2.4 Bevis och andra typer av förklarande resonemang

En annan utmärkande egenskap för den holistiska layouten är att *bevis och andra typer av förklarande resonemang lyfts fram och ut ur texten med lite mindre typstorlek* än den övriga och omgivande texten. Detta då precis som med längre citat i akademiska uppsatser generellt. För det mesta används ingen annan speciell "proof"–omgivning. Resonemanget kan avslutas på olika sätt, inte sällan med det traditionella "Beviset är klart", "Q.E.D.", etcetera eller med □.

[3]Se till exempel Bo Göran Johanssons bok *Matematikens historia* (Studentlitteratur 2004).

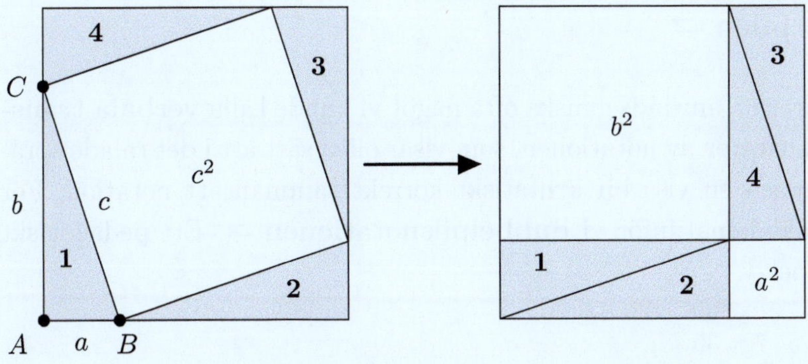

Figur 1: Illustration till ett välkänt resonemang som ger en förklaring till/visuellt bevis för Pythagoras sats (i implikationen åt ena hållet).

Låt oss för illustration titta på en vanlig sorts förklaring till Pythagoras (direkta) sats, ett visuellt bevis av typen klipp–och–klistra:

1. Låt en rätvinklig triangel ABC vara given, med den räta vinkeln $\angle BAC$.

2. Rita kvadraten BC^2 (lika med c^2 i figuren) på den rätvinkliga triangelns hypotenusa BC. Lägg sedan tre kopior av den rätvinkliga triangeln utmed kvadraten så att man får en ännu större kvadrat, såsom visas i figur 1.

3. Detta ger liksom ett *pussell* i vilket man kan flytta omkring fyra likadana rätvinkliga trianglar, som vi betecknar $1, 2, 3, 4$. Dessa trianglar arrangeras om på det sätt som visas i figur 1, så att 1 och 2 respektive 3 och 4 hamnar intill varandra.

4. Av figuren framgår att den kvadrat som står på hypotenusan BC i den rätvinkliga triangeln täcker ett precis lika stort område som de två kvadraterna AB^2 $(= a^2)$ och AC^2 $(= b^2)$ på triangelns respektive kateter AB och AC tillsammans. (Det totala området *utanför* de fyra rätvinkliga trianglarna blir inte större eller mindre, endast därför att man flyttar omkring trianglarna inuti pusslet.)

Resonemanget ger en förklaring till det allmänna mönstret.

2.5 Verbala transformationer av notationen. Dubbelpilen $\rightleftarrows$

I artiklarna används ganska ofta något vi kunde kalla **verbala transformationer** av notationen, som visar olika sätt att i det talade språket utläsa en viss bit syntatiskt korrekt sammansatt notation. För detta ändamål inför vi **dubbelpilsnotationen** $\rightleftarrows$. Ett pedagogiskt exempel:

$5 \cdot 7 = 35$

$\rightleftarrows$

Fem gånger sju är trettiofem

Fem gånger sju är lika med trettiofem

Sju taget fem gånger är trettiofem

Fem gånger sju är lika mycket som trettiofem enheter

Sju enheter taget fem gånger är precis lika mycket som trettiofem enheter

Och så vidare.

Värdet av att i undervisning (eller som här, den undervisande framställningen) av matematik tydligt *uppvisa anknytningen mellan den matematiska notationen respektive det verbala språket*, vilket är det talade språket och vår vanliga *alfabetiska skrift* (som vi använder för att skriva alla andra sorters texter, romaner, tidningsartiklar, brev, avhandlingar i humaniora, och så vidare) har framförts och undersökts i en del samtida matematikdidaktisk forskning och diskussion.[4]

[4]Exempel: Lars Mouwitz doktorsavhandling *Matematik som bildning* (Dialoger, Tyskland 2010) och några TEMA–nummer av tidskriften Nämnaren: *Algebra för alla* (NCM 2005), *Matematik — ett kommunikationsämne* (NCM 2008) samt *Matematik — ett kärnämne* (NCM 2003).

2.6 Kommentarsavsnittet

De flesta av artiklarna har ett avsnitt eller kapitel med rubriken ”Kommentarer”. Tanken med detta är att erbjuda den intresserade eller drivne studenten möjligheten av ytterligare fördjupning i och reflektion över begreppsbildningen, problemställningarna, bevisen, med mera.

Kommentarsavsnittet har ofta underavsnitt, med rubriker i stil med ”Matematisk fördjupning”, ”Matematikhistorisk fördjupning” eller ”Logiska och filosofiska reflektioner”, vilka antyder något om karaktären av det innehåll läsaren kan förvänta sig.

3 Varför denna framställningsform?

Det finns både didaktiska och filosofiska syften med att jag valt en annan layout och framställningsform i behandlingen av grundläggande matematik (*prima mathematica*) än den *axiomatisk–deduktiva layout och framställningsform* som är vanlig eller dominerande i akademiska texter i matematik, såsom högre läroböcker, doktorsavhandlingar och forskningsrapporter.

Den typiska layouten och framställningsformen kan ibland vara något av ett hinder för att nå klarhet kring och organisera sina frågor kring matematiken som student eller lärare. Naturligtvis har begreppen axiom, definition, sats/teorem och bevis samt axiomatisk metodik sin roll och plats i matematiken, i synnerhet högre och mer abstrakt matematik (såsom abstrakt algebra och topologi). Men ibland, och speciellt när det handlar om den mest grundläggande matematiken, tror jag föreställningar om eller förväntningar på matematiken som en ”axiomatisk–deduktiv vetenskap” sammanhållen av formell–matematisk logik faktiskt kan bli till en sorts ”fördom”, en ”förförståelse”, som låser tänkandet i onödan och lägger käppar i hjulen.

Den metod som vi här kallar display förekommer också i texter om matematikens historia. Den sorts reflektioner som ämnet matematikens historia öppnar upp för tror åtminstone jag ofta är användbara även i den filosofiska och didaktiska reflektionen över matematiken. Genom att utnyttja en helt annan layout och framställningsform kan det slunga tänkandet kring matematiken ut ur förväntningar eller invanda banor, som gör det lättare att se med klarhet. Det är lite som att vi "vänder ut och in" på sättet att framlägga matematiska teorem och bevis i den axiomatisk–deduktiva layouten.

Man kunde säga att artikelsamlingen är resultatet av en reflektion över frågan om var gränsen/gränserna går mellan *en undervisande logisk–teoretisk matematisk framställning* — "Vad skulle någonting analogt med Euklides *Elementa* kunna vara i dagsläget?" och så vidare — kontra en egentligen *filosofisk* behandling av problemkomplexet *Vad är matematikens grunder?* Den är född ur dels mitt arbete med matematikundervisning och att genomgå teoretisk och praktisk lärarutbildning, men också delvis ur ett tidigt (från tonåren ungefär) sporrande intresse för frågor om matematiken och dess grundvalar i ljuset av logiken och filosofin.

Dock är det omöjligt att dra någon *skarp* gräns mellan en "filosofisk undersökning" av matematiken och till exempel den sorts framställning som erbjuds här. Filosofins definierande målsättningar finns också med där hela tiden, i bakgrunden. Klassifikationen av dessa texter som "matematik" eller "läromedel" snarare än "filosofi", har att göra med att jag även har haft andra målsättningar med dem när jag skrivit dem: framförallt det undervisande syftet och åtagandet, vilket tillför en praktisk dimension utöver den teoretiska betraktelsen.

Förteckning över notation

Matematisk och logisk notation

Notation	Teknisktnamn/definition
	Talområden
$\mathbb{N}$	de naturliga talen $0, 1, 2, 3, \ldots$
$\mathbb{Z}^+$	de positiva heltalen $1, 2, 3, \ldots$
$\mathbb{Z}$	heltalen (eng. *integers*)
$\mathbf{D}$	decimaltalen/decimalbråken
$\mathbb{Q}$	de rationella talen
$\mathbb{R}$	de reella talen
$\mathbf{Irr}$, $\mathbb{R} \setminus \mathbb{Q}$	de irrationella talen
$\mathbb{C}$	de komplexa talen
	Allmän mängdlära
$x \in M$	(mängd)tillhörighetstecken
$x \notin M$	tillhör inte–tecken
$\{...\}$	mängdklamrar
$\vert M\vert$, $\#M$	kardinalitet (antal element)
$\{x : P(x)\}$, $\{x \mid ...\}$	mängdbyggaren
$A \cup B$	(mängd)union
$A \cap B$	(mängd)snitt
$A \setminus B$, $A - B$	(mängd)differens
$\complement A$, $-A$	(mängd)komplement
2^M, $\mathcal{P}(M)$	potensmängd
	Sats– och predikatlogik
$\neg P$, $\sim P$, $-P$	(logisk) negation
$P \wedge Q$, $P \,\&\, Q$, $P \,.\, Q$	(logisk) konjunktion
$P \vee Q$	(inklusiv, logisk) disjunktion
$P \veebar Q$	exklusiv disjunktion
$P \implies Q$, $P \longrightarrow Q$	(materiell) implikation
$P \supset Q$	
$P \iff Q$, $P \longleftrightarrow Q$	(materiell) ekvivalens
$P \equiv Q$, P omm Q	
$\forall x\ P(x)$, $(x)\ P(x)$	allkvantor (–kvantifikator)
$\exists x\ P(x)$	existenskvantor (–kvantifikator)

Det grekiska alfabetet

En del av de små bokstäverna ur det grekiska alfabetet har två olika sätt att skrivas.

uttal	stor bokstav	liten bokstav
alfa	A	α
beta	B	β
gamma	Γ	γ
delta	Δ	δ
epsilon	E	ε, ϵ
zeta	Z	ζ
eta	H	η
theta	Θ	θ, ϑ
iota	I	ι
kappa	K	κ
lambda	Λ	λ
my	M	μ
ny	N	ν
xi	Ξ	ξ
omikron	O	o
pi	Π	π, ϖ
rho	P	ρ, ϱ
sigma	Σ	σ, ς
tau	T	τ
ypsilon	Υ	υ
fi	Φ	ϕ, φ
chi	X	χ
psi	Ψ	ψ
omega	Ω	ω